Abdul Ghani Noori

Energia i technologie wykorzystujące biomasę

Abdul Ghani Noori

Energia i technologie wykorzystujące biomasę

w Afganistanie

Wydawnictwo Bezkresy Wiedzy

Imprint
Any brand names and product names mentioned in this book are subject to trademark, brand or patent protection and are trademarks or registered trademarks of their respective holders. The use of brand names, product names, common names, trade names, product descriptions etc. even without a particular marking in this work is in no way to be construed to mean that such names may be regarded as unrestricted in respect of trademark and brand protection legislation and could thus be used by anyone.

Cover image: www.ingimage.com

This book is a translation from the original published under ISBN 978-620-0-22795-9.

Publisher:
Wydawnictwo Bezkresy Wiedzy
is a trademark of
Dodo Books Indian Ocean Ltd., member of the OmniScriptum S.R.L Publishing group
str. A.Russo 15, of. 61, Chisinau-2068, Republic of Moldova Europe
Printed at: see last page
ISBN: 978-620-0-54769-9

Spis treści

LISTA SKRÓTÓW

Roczna produkcja węgla drzewnego w krajach AKP

Centrum Informacji Energetycznej AEIC Afghan

Działanie AFPRO na rzecz produkcji żywności

AFP Roczna produkcja drewna opałowego

CTF Współczynnik przekształcenia węgla drzewnego

CV Wartość opałowa

EJ Exa Joule

Współczynnik wykorzystania energii EUF

Organizacja Narodów Zjednoczonych ds. Wyżywienia i Rolnictwa FAO

PKB Produkt krajowy brutto

G J Giga Joule

GWh Giga Watt hour

ha Hectare

HHV Wyższa wartość grzewcza

RT Czas retencji

Osoby wewnętrznie przesiedlone

Wewnętrzna stopa zwrotu IRR (IRR Internal Rate of Return)

KWhKilo Watt hour

LHVLower Heating Value

LPGLiquid Petroleum Gas

MtMillion Ton

MARRMinimalna akceptowalna stopa zwrotu

MWMega Watt

NPICNational Program for Improved Chulha

NPVNet Wartość bieżąca

PJPeta Joule

Okres zwrotu z inwestycji (PPPayback)

RPRRResidue to Product Ratio

Czynnik dostępności SAFSurplus

SOMStabilizowany materiał organiczny

Analizator TGATHERMOGRAWIMetryczny

TISTR Thailand Institute of Science and Technological Research

TJTera Joule

WBTWater Boiling Test

ROZDZIAŁ 1
WPROWADZENIE

1.1Tło

Ze względu na trzy dekady wojny i konfliktów w Afganistanie, infrastruktura produkcji i dostaw energii jest ogromnie uszkodzona i niestabilna w zakresie wytwarzania i dostarczania energii. Obecnie kraj ten jest w dużym stopniu uzależniony od paliw kopalnych, które są importowane z krajów sąsiednich. Krajowa sieć energetyczna jest poważnie uszkodzona. W 2002 r. produkcja energii elektrycznej wynosiła 243 MW, czyli mniej niż w 1978 r., czyli 396 MW. Od 2001 roku produkcja energii elektrycznej i jej dostępność w kraju wzrasta dzięki wsparciu ze strony pomocy zagranicznej i donatorów. Moc zainstalowana energii elektrycznej w kraju wzrosła do 1 029 MW w 2009 roku (SIGAR AUDIT, 2010). Wciąż jednak stoi przed nami kilka wyzwań związanych ze zrównoważonym rozwojem w zakresie utrzymania i zwiększenia produkcji i dostaw energii elektrycznej. Dostęp do energii elektrycznej w kraju jest bardzo ograniczony. Do 2009 roku dostęp do energii elektrycznej dla gospodarstw domowych wynosił 15% w miastach i 6% na wsi. Afgańskie Centrum Informacji Energetycznej (AEIC) poinformowało, że krajowa produkcja energii elektrycznej rośnie stopniowo. Wykazały one, że w latach 2008-2011 łączna produkcja energii elektrycznej wzrosła z 1500 GWh do 3 030 GWh. Mniej niż jedna trzecia tego pokolenia pochodziła ze źródeł krajowych, a pozostałe dwie trzecie importowane były z krajów sąsiednich, a mianowicie Turkmenistanu, Tadżykistanu, Uzbekistanu i Iranu (AEIC, 2011). Afganistan dysponuje wystarczającymi zasobami energetycznymi, ale nie są one odpowiednio wykorzystywane do zaspokojenia potrzeb energetycznych kraju (Anelia Milbrandt, 2011).

Biomasa i ropa naftowa są głównymi źródłami energii pierwotnej wykorzystywanej w kraju (rysunek 1.1). Afganistan jest krajem rolniczym, a 57% całkowitej dostarczanej energii pierwotnej pochodzi z biomasy. Podczas gdy ropa naftowa ma 32% udział w całości dostaw energii pierwotnej, która jest importowana z krajów sąsiednich, takich jak Pakistan, Uzbekistan, Turkmenistan i Iran (Mohammad i in., 2013).

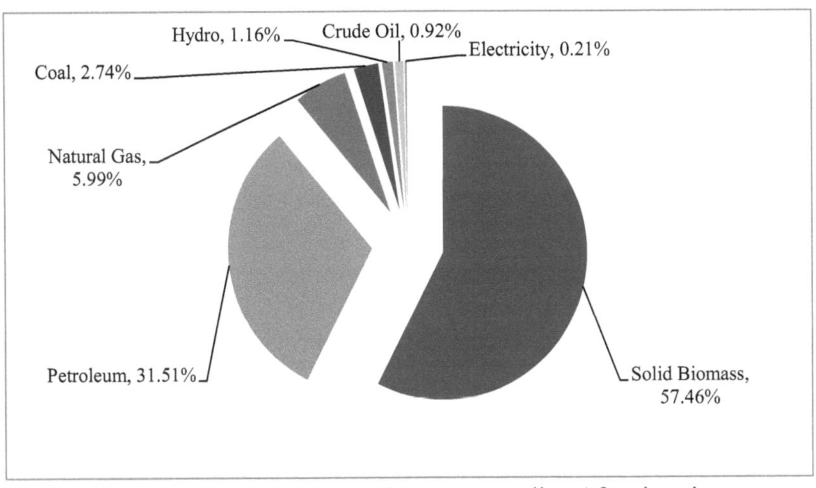

Rysunek 1.1: Podstawowe dostawy energii w Afganistanie. (Źródło: (Anelia Milbrandt, 2011)

Stała biomasa, jak drewno opałowe, węgiel drzewny, obornik zwierzęcy i resztki roślinne są głównym źródłem energii w Afganistanie. Sektor mieszkalnictwa jest całkowicie uzależniony od tych zasobów biomasy w porównaniu z ropą naftową w zakresie pozyskiwania energii. Biomasa wykorzystywana jest prawie w 90% gospodarstw domowych do gotowania i ogrzewania, a 65% tej biomasy to drewno opałowe, co przedstawia tabela 1.1.

Tabela 1.1: Wykorzystanie paliwa do gotowania i ogrzewania w sektorze mieszkaniowym w Afganistanie w 2002 r.

Paliwo	k tona/rok	Udział (%)
Drewno opałowe	6,145	65
Węgiel drzewny	1,013	25
LPG	135	5
Węgiel	122	3
Kerosene	55	2

(Źródło: ADB, 2006)

Zużycie drewna opałowego jest wysokie na obszarach wysokogórskich, głównie w północnej i środkowej części kraju, gdzie panuje ekstremalnie zimny klimat. Ich zużycie wynosi około 10 ton rocznie na gospodarstwo domowe w sektorze mieszkaniowym. Kerosen jest używany głównie do oświetlenia na obszarach wiejskich, a LPG jest używany do gotowania na obszarach miejskich, oba są importowane z Iranu (Anelia Milbrandt, 2011).

Ponieważ energia odgrywa bardzo ważną rolę w poprawie sytuacji i rozwoju gospodarczym kraju, dlatego też należy zwrócić szczególną uwagę na jej poprawę. Obecny sektor energetyczny Afganistanu wymaga ogromnych inwestycji i zaangażowania sektora prywatnego w celu stworzenia zrównoważonego systemu energetycznego dla tego kraju (Malik, 2010).

1.2Oświadczenie o problemie

Dostęp do wszystkich form energii jest najważniejszym czynnikiem poprawy ekonomicznych i społecznych aspektów życia i jest kluczowym atutem produkcyjnym dla wzrostu gospodarczego. Stosowanie czystego paliwa przekłada się na lepszą kondycję zdrowotną, redukcję dymu i mniejszą emisję CO_2. Czas spędzony w gospodarstwie domowym może zostać przesunięty poprzez dostęp do nowoczesnych i czystych usług energetycznych (zwłaszcza dla kobiet i dzieci). Z drugiej strony, przyczyni się to do poprawy edukacji i generowania dochodów ludzi.

Energia z biomasy odgrywa istotną rolę w całym łańcuchu dostaw energii w Afganistanie. Kraj ten posiada wiele zasobów energetycznych biomasy, takich jak drewno opałowe, węgiel drzewny, resztki pożniwne, obornik zwierzęcy i inne. W chwili obecnej wykorzystanie tych zasobów jest bardzo nieefektywne. W większości przypadków w gospodarstwach domowych używa się otwartych i nieefektywnych pieców kuchennych, co prowadzi do degradacji zasobów i problemów zdrowotnych. Potencjał energetyczny tych zasobów biomasy jest nieznany, a ich efektywne wykorzystanie nie jest proponowane w kraju. Efektywność obecnie używanych pieców kuchennych nie jest określona i nie zidentyfikowano odpowiednich efektywnych technologii pozyskiwania energii z biomasy, które mogłyby rozwiązać te problemy. Konieczne jest więc znalezienie potencjału energetycznego tych zasobów biomasy, określenie wydajności obecnie używanych pieców kuchennych i określenie odpowiednich ulepszonych technologii energetycznych wykorzystujących biomasę.

1.3 Cele badania

Ogólnym celem badania jest ocena potencjału energetycznego wybranej biomasy, charakterystyka wybranych resztek pożniwnych (analiza wskaźnikowa, analiza końcowa i wartości opałowe) oraz znalezienie efektywności obecnie stosowanych pieców kuchennych i określenie odpowiednich ulepszonych technologii energetycznych biomasy.

Szczegółowe cele badania są następujące:

1. Ocena dostępności, obecnego sposobu wykorzystania, potencjału energetycznego wybranej biomasy oraz charakterystyka wybranych resztek pożniwnych w Afganistanie.

2. Badanie obecnie stosowanych technologii energetycznych z wykorzystaniem biomasy, określenie odpowiednich efektywnych technologii energetycznych z wykorzystaniem biomasy oraz przeprowadzenie analizy technologiczno-finansowej zidentyfikowanych technologii energetycznych z wykorzystaniem biomasy w prowincji Kandahar.

1.4Zakres i ograniczenia

Badanie to ocenia potencjał energetyczny następujących zasobów biomasy w Afganistanie:

1- Leśne drewno opałowe (drewno opałowe z drzew iglastych i liściastych)
2- Węgiel drzewny (przetworzony z leśnego drewna opałowego)
3- Pozostałości z upraw (słoma pszeniczna, słoma ryżowa, łuska ryżu, słoma jęczmienna, łodygi kukurydzy i kolby kukurydzy)
4- Obornik bydlęcy (biorąc pod uwagę wytwarzanie biogazu)

W niniejszym opracowaniu skupiono się na technologiach pozyskiwania energii z biomasy w drugim celu, a mianowicie na piecach kuchennych i biogazowni tylko w prowincji Kandahar. Obecnie stosowane piece kuchenne zostały zbadane pod kątem ich wydajności gotowania i zidentyfikowano odpowiednie, ulepszone piece kuchenne. Porównując ich efektywność gotowania, określono potencjał oszczędności drewna opałowego zidentyfikowanych odpowiednich ulepszonych pieców kuchennych. Dla biogazowni określono obecny potencjał biogazu w prowincji Kandahar i zidentyfikowano odpowiednią biogazownię, a następnie dla przypadku mleczarskiego przeprowadzono analizę techniczno-finansową odpowiedniej zidentyfikowanej biogazowni.

Badania pieców kuchennych oparte są na doświadczeniach, a określenie odpowiednich ulepszonych pieców kuchennych i biogazowni oparte jest na ich warunkach zastosowania.
Wymagane dane wtórne zostały zebrane od odpowiednich deportowanych i organizacji w Afganistanie.

ROZDZIAŁ 2
PRZEGLĄD LITERATURY

W niniejszym rozdziale dokonano głównie przeglądu zasobów biomasy, technologii i metodologii oceny w Afganistanie i innych krajach.

2.1 Afganistan

Afganistan jest śródlądowym, południowo-centralnym krajem, otoczonym na zachodzie przez Iran, na północy przez Turkmenistan, Tadżykistan i Uzbekistan, na dalekim północnym wschodzie przez Chiny, a na wschodzie i zachodzie przez Pakistan. Powierzchnia Afganistanu wynosi około 652 225 km², a liczba jego mieszkańców w 2013 roku wynosiła 30,55 mln (Bank Światowy, 2015). Szerokość geograficzna kraju wynosi 34,5333° N, a długość geograficzna 69,1333° E. Znajduje się on w suchej części świata, w której występują ekstremalne warunki klimatyczne i pogodowe. Zimy są prawie mroźne i śnieżne, a lato gorące i suche. Sezon mokry zaczyna się zazwyczaj od zimy i kończy wczesną wiosną, ale w sumie można powiedzieć, że kraj jest suchy, mieszczący się w pustynnym lub pustynnym zgrupowaniu klimatycznym. Na nizinnych pustyniach na południowym zachodzie pada bardzo mało śniegu, ale sezon śnieżny trwa mniej więcej od października do kwietnia w górach na południowym wschodzie i północy kraju i różni się znacznie w zależności od wysokości (NOAA, 2014).

Afganistan składa się politycznie z ośmiu stref (34 prowincji), co ilustruje rysunek 2.1, a mianowicie Północ (Faryab, Juzjan, Sar-i-pul, Balkh i Samangan), Północny-Wschód (Bughlan, Kunduz, Takhar i Badakhshan), Zachód (Herat, Farah i Badghis), Zachód-Centrum (Ghor i Bamyan), Centralny (Kabul, Parwan), Panjsher, Kapisa, Logar i wordak), Południe (Paktya, Paktika, Khost i Ghazni), Wschód (Nangarhar, Laghman, Kunar i Nooristan) i Południowy Zachód (Kandahar, Helmand, Zabul, Nimroz, Urozgan i Daikunde). Każde województwo zawiera pewną liczbę powiatów (GUS, 2013-14).

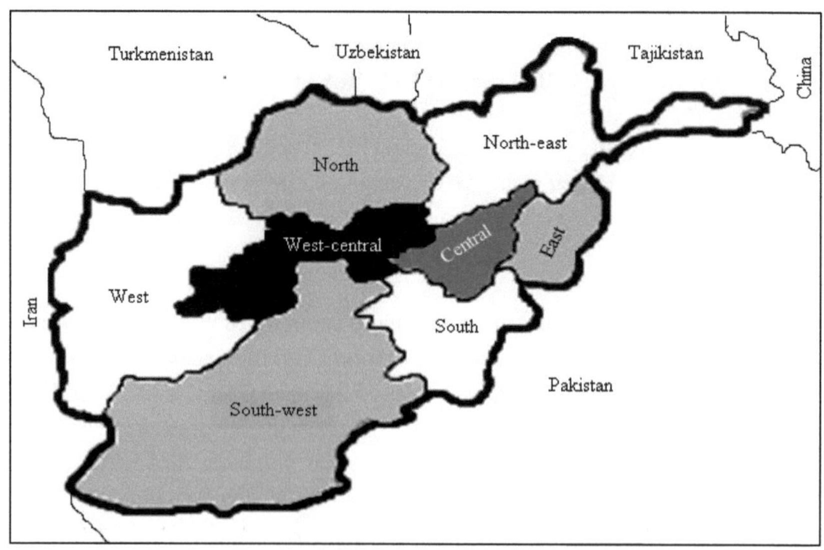

Rysunek 2.1: Mapa Afganistanu.
(Źródło: zdjęcia google, 2014)

2.1.1 Rolnictwo i zwierzęta gospodarskie

W Afganistanie rolnictwo jest kluczowym elementem źródeł utrzymania i wzrostu gospodarczego, około 28 % dochodu narodowego brutto w roku 2010/11 i 37 % w roku 2005/06 pochodziło głównie z rolnictwa. Bezpośrednie i pośrednie uzależnienie ludności od rolnictwa wynosi około 85 %. Około 12,1 miliona ludzi uprawia ziemię w kraju, prawie 12 do 15 procent całkowitej powierzchni jest szacowane jako nadające się do uprawy (nawadniane lub karmione deszczem). 85% upraw jest nawadnianych, a 79% rolników uprawia grunty nawadniane, grunty nawadniane dają trzy razy większe plony niż grunty zasilane deszczem. Od 1978 r. produkcja rolna zmniejszyła się o 3,5%, a 30% gruntów zostało utraconych z powodu degradacji lub dezercji. Z całej ziemi uprawnej, tylko 6% jest teraz produktywne. Ze względu na urbanizację i powrót imigrantów do kraju, zmniejsza się powierzchnia użytków rolnych. Ponad połowa wszystkich nawadnianych terenów uprawnych znajduje się w północnej części kraju, oddzielonej górami Hindukuszu. Są nawadniane przez rzekę Amu. Reszta leży w południowo-zachodniej, zachodniej i południowej oraz centralnej części. Rzeka Helmand jest źródłem irygacji dla południowo-zachodnich i zachodnich gruntów ornych. Oszacowano, że regularnie uprawiane grunty to 3,3 mln ha (5 % całkowitej powierzchni gruntów), a 4,5 mln ha (7 % całkowitej powierzchni gruntów) jest nawadniane i uprawiane nieregularnie (Anelia Milbrandt, 2011). Z uprawianych gruntów około 10 % jest uprawiane w oparciu o nowoczesne systemy inżynieryjne, a reszta wykorzystuje stare, tradycyjne metody nawadniania. Afgańska infrastruktura irygacyjna została zniszczona w czasie minionej wojny i konfliktów, a większość warstw wodonośnych uległa degradacji z powodu suszy i niewystarczającej ilości basenów ochronnych. Obecna wydajność systemu nawadniania jest bardzo niska, wynosi około 25%.

W PKB rolnictwa 50 % udział przypada na produkty zwierzęce. Populacja zwierząt gospodarskich wahała się w ciągu ostatnich 30 lat, od około 4 mln sztuk bydła i ponad 30 mln owiec i kóz do 3,7 mln sztuk bydła i około 16 mln owiec i kóz w latach suszy (NEPA, 2012).

2.1.2 Pozostałości upraw

W Afganistanie uprawy koncentrują się głównie na terenach nawadnianych wzdłuż rzek, podczas gdy niektóre rośliny uprawia się na terenach zasilanych deszczem. Kraj ten posiada zarówno tereny wysoko jak i nisko położone. Tereny o wysokim wzniesieniu (powyżej 2000 m n.p.m.) są uprawiane raz w roku, ze względu na krótki okres wegetacyjny, podczas gdy tereny o niższym wzniesieniu dają dwie uprawy rocznie. Główną rośliną uprawną jest pszenica, która stanowi około 80% całkowitej konsumpcji upraw w Afganistanie. Zarówno grunty nawadniane, jak i zasilane deszczem są uprawiane do produkcji roślinnej, ale wydajność gruntów nawadnianych (2,95 t/ha) na gruntach zasilanych deszczem (1,18 t/ha) jest prawie trzy razy większa. Pszenica ozima jest rośliną podstawową, a pszenica jara rośliną drugorzędną. Oprócz pszenicy, uprawia się również ryż, jęczmień i kukurydzę. Ogólnie rzecz biorąc, jęczmień jest uprawiany na ziarno w deszczu na terenach wysokogórskich oraz na paszę zieloną na terenach położonych niżej. Ponieważ produkcja roślinna zależy od wody, która powstaje w wyniku topnienia śniegu i opadów deszczu, zbiory z roku na rok znacznie się różnią. Rysunek 2.2 ilustruje zmiany w produkcji roślinnej w okresie 12 lat (MAIL 2012). W latach 2003, 2005 i 2007 wydajność produkcji roślinnej była dobra, ze względu na korzystną pogodę. Natomiast w latach 2000-2002 i 2004, z powodu suszy, odnotowano niski plon roślin. Uprawiane są również inne rośliny, takie jak rośliny strączkowe i pasze. Wśród roślin strączkowych znajdują się ciecierzyca i soczewica. Pasze takie jak koniczyna i lucerna są uprawiane do karmienia zwierząt. Oprócz tego do upraw afgańskich zalicza się również warzywa i owoce, takie jak ziemniaki, cebula, pomidory, okra, kalafior, melony, arbuzy, morele, brzoskwinie, granaty, jabłka, buraki cukrowe i trzcina cukrowa. W razie potrzeby produkowane są również migdały, orzechy włoskie i pistacje (MAIL 2012).

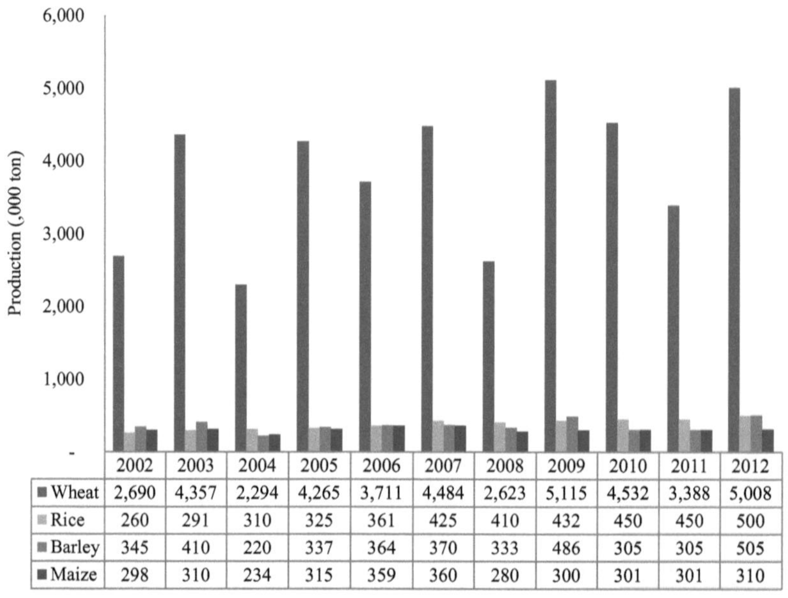

	2002	2003	2004	2005	2006	2007	2008	2009	2010	2011	2012
Wheat	2,690	4,357	2,294	4,265	3,711	4,484	2,623	5,115	4,532	3,388	5,008
Rice	260	291	310	325	361	425	410	432	450	450	500
Barley	345	410	220	337	364	370	333	486	305	305	505
Maize	298	310	234	315	359	360	280	300	301	301	310

Rysunek 2.2: Produkcja roślinna w Afganistanie w latach 2002-2012. (Źródło: MAIL, 2012)

W północnych i wschodnich prowincjach (Baghlan, Kunduz i Nangarhar) uprawia się głównie nasiona roślin oleistych, bawełnę, gorczycę, nasiona sezamu i len.

W latach 2008-2009 w Afganistanie wyprodukowano około 6,5 Mt pozostałości po uprawach (tabela 2.1). W oparciu o zawartość energetyczną tych pozostałości roślinnych (10-17 GJ/t), można wyprodukować 68 PJ do 115 PJ energii. Kraj jest również bogaty w przycinanie. Produkcja biomasy z tego źródła została oszacowana na około 285 tys. ton rocznie, co odpowiada 5,7 PJ/rok energii. Ponadto, pozostałości po obróbce łupin migdałów i orzechów włoskich mogą być wykorzystane do produkcji węgla drzewnego w procesie pirolizy lub mogą być użyte do gotowania. Około 1.338 TJ, energia może być produkowana z tych pozostałości przetwarzania.

Balkh, Helmand, Heart, Kunduz i Nangarhar są wiodącymi prowincjami w zakresie produkcji resztek roślinnych. W Afganistanie 80% pozostałości z upraw jest wykorzystywane do konsumpcji w gospodarstwach domowych, a inne są dostarczane na rynek lokalny, gdzie w innych krajach uprawy są produkowane komercyjnie i wytwarzają duże ilości pozostałości. Brak produkcji resztek pożniwnych na dużą skalę i wysokie koszty transportu powodują ograniczenie wykorzystania tych pozostałości do produkcji energii elektrycznej w systemie scentralizowanym (Anelia Milbrandt, 2011).

Tabela 2.1: Produkcja roślinna według prowincji w Afganistanie w latach 2008-9

Prowansja	Pszenica (w tonach)	ści pszenicy (w	Ledwo (tona)	Ledwo Pozostało ści (w	Ryż (w tonach)	Pozostało ści ryżu (w	Kukurydza (w tonach)	ści kukurydzy (w	produkcja roślinna (w	ści ogółem (w
Badachszan	67,000	120,600	-	-	13,500	22,950	-	-	80,500	143,550
Badghis	65,000	117,000	10,900	14,170	3,000	5,100	1,000	2,300	79,900	138,570
Baghlan	105,000	189,000	7,300	9,490	85,200	144,840	1,100	2,530	198,600	345,860
Balkh	173,000	311,400	39,000	50,700	21,300	36,210	7,400	17,020	240,700	415,330
Bamyan	34,000	61,200	3,300	4,290	1,900	3,230	-	-	39,200	68,720
Daykundi	15,000	27,000	4,300	5,590	-	-	6,100	14,030	25,400	46,620
Farah	36,000	64,800	10,000	13,000	3,000	5,100	3,100	7,130	52,100	90,030
Faryab	106,000	190,800	48,100	62,530	-	-	30,700	70,610	184,800	323,940
Ghazni	127,000	228,600	25,000	32,500	3,200	5,440	24,200	55,660	179,400	322,200
Ghor	44,000	79,200	7,700	10,010	3,100	5,270	1,300	2,990	56,100	97,470

Nangarhar	Logar	Laghman	Kanduz	Kunar	Khost	Kapisa	Kandahar	Kabul	Jowzjan	Herat	Helmand
185,000	102,000	41,000	165,000	25,000	27,000	290,000	108,000	62,000	75,000	192,000	245,000
333,000	183,600	73,800	297,000	45,000	48,600	52,200	194,400	111,600	135,000	345,600	441,000
7,000	1,800	1,600	5,200	200	500	60	1,100	-	34,400	14,300	16,500
910	2,340	2,080	6,760	260	650	780	1,430	-	44,720	18,590	21,450
32,000	3,100	40,200	81,700	17,100	9,800	3,600	-	-	-	28,000	-
37,400	5,270	68,340	138,890	29,070	16,660	6,120	-	-	-	47,600	-
21,000	4,700	5,500	1,800	14,500	10,600	20,400	30,700	-	16,400	1,600	8,900
48,300	10,810	12,650	4,140	33,350	24,380	46,920	70,610	-	37,720	3,680	20,470
228,700	111,600	88,300	253,700	56,800	47,900	53,600	139,800	62,000	125,800	235,900	270,400
419,610	202,020	156,870	446,790	107,680	90,290	106,020	266,440	111,600	217,440	415,470	482,920

Zabul	wordak	Urozgan	Takhar	Sar-e-pol	Samanga n	Parwan	Panjsher	Paktica	Paktia	Nurestan	Nimruz
30,000	65,000	59,000	122,000	69,000	49,000	63,000	11,000	39,000	54,000	3,000	31,000
54,000	117,000	106,200	219,600	124,200	88,200	113,400	19,800	70,200	97,200	5,400	55,800
500	1,700	9,800	46,400	13,100	2,400	400	1,000	18,000	2,400	-	5,000
650	2,210	12,740	60,320	17,030	3,120	520	1,300	23,400	3,120	-	6,500
-	4,600	5,600	40,900	-	4,500	7,600	-	3,800	3,000	-	-
-	7,820	9,520	69,530	-	7,650	12,920	-	6,460	5,100	-	-
3,500	-	5,100	7,000	2,900	400	3,800	10,200	6,100	18,400	7,400	4,100
8,050	-	11,730	16,100	6,670	920	8,740	23,460	14,030	42,320	17,020	9,430
34,000	71,300	79,500	216,300	85,000	56,300	74,800	22,200	66,900	77,800	10,400	40,100
62,700	127,030	140,190	365,550	147,900	99,890	135,580	44,560	114,090	147,740	22,420	71,730

Razem	2,623,000	4,721,400	333,200	433,160	409,700	696,490	279,900	643,770	3,645,800	6,494,820

(Źródło: Anelia Milbrandt, 2011)

2.1.3 Obornik zwierzęcy

W sektorze rolnictwa afgańskiego ważną rolę odgrywają zwierzęta. Prawie 79% wiejskich gospodarstw domowych i 94% koczowników (Kochyan) hoduje jakieś zwierzęta, takie jak bydło, woły, konie, osły, wielbłądy, kozy, owce i drób, nie tylko na mięso, produkty mleczarskie i jaja, ale także jako paliwo do gotowania i nawóz (NRVA, 2007-8).

Gnojowica zwierzęca jest głównym źródłem energii wraz z resztkami pożniwnymi i drewnem w kraju. W Afganistanie ludzie robią ciasto z obornika, a następnie suszone na słońcu ciasto z obornika służy do gotowania i ogrzewania pomieszczeń. Spalają ten obornik zwierzęcy bezpośrednio, co nie jest efektywnym sposobem jego wykorzystania. Alternatywnie, obornik ten może być wykorzystany do produkcji biogazu, który zapewnia lepsze i czyste paliwo niż obornik zwierzęcy. Spalanie tego obornika w piecu na otwartym ogniu powoduje zanieczyszczenia powietrza w pomieszczeniach i inne choroby układu oddechowego, ale biogaz jest czystszym, bezwonnym i bezdymnym paliwem. Oprócz tego biogaz może być również wykorzystywany do celów oświetleniowych i chłodniczych. Na całym świecie około 30 milionów gospodarstw domowych wykorzystuje biogaz do gotowania, ogrzewania i oświetlenia (Janet, 2010). Większość z tych populacji znajduje się w Chinach (25 mln komór fermentacyjnych), Indiach (prawie 4 mln komór fermentacyjnych), Nepalu (200 000 komór fermentacyjnych) i Wietnamie (150 000 komór fermentacyjnych). Natomiast w 2010 roku w Afganistanie działało 75 fermentatorów biogazowych (Anelia Milbrandt, 2011). Na podstawie liczby zwierząt ze statystyk z lat 2008-9 (tabela 2.2), teoretyczny potencjał biogazu w Afganistanie wynosił około 1,408 mln metrów sześciennych (32 biliony Btu) rocznie, co stanowi dwukrotność zużycia energii w 2005 roku (18 bilionów Btu) (EIA 2013). Dzięki wykorzystaniu obornika bydlęcego, w Afganistanie można by zainstalować prawie 896 000 domowych biogazowni, a około 26%

gospodarstw domowych mogłoby zostać ożywionych dzięki wydajnemu i czystemu paliwu w latach 2008-9.

Tabela 2.2: Roczny potencjał biogazu z obornika zwierzęcego i jego odpowiedników w Afganistanie w latach 2008-9

Inwentarz żywy	Populacja ('000 głów')	Obornik zwierzęcy (kt/rok)	Suchy obornik krów (kt/rok)	Biogaz (mln M3)	Drewno ekwiwalentne kt)	Równoważnik energii elektrycznej (GWh)
Bydło	4,745	17,082	6,934	564	1,956	2,649
Owce	10,710	7,497	5,348	435	1,509	2,044
Kozioł	6,386	4,470	3,189	259	900	1,219
Osioł	1,209	3,506	1,121	91	316	428
Camel	183	659	267	22	75	102
Horse	162	583	237	19	67	90
Kurczak	10,689	235	226	18	64	86
Razem	34,084	34,032	17,322	1,408	4,887	6,619

(Źródło: Anelia Milbrandt, 2011)

Średnia wielkość rodziny wynosi od 6 do 8 członków, którzy mogą przeżyć w biogazowni o wydajności 2 ^{m3} dziennie, co wymaga około 50 kg obornika dziennie, dostarczanych przez cztery do sześciu krów lub koni, lub około ośmiu do dziewięciu wielbłądów (zakładając średnią 6 kg obornika dziennie), co odpowiada około 50 owcom/kozom (zakładając średnią 1 kg obornika dziennie), lub około 277 kurczętom (zakładając średnią 0,18 kg obornika dziennie) (Anelia Milbrandt, 2011).

2.1.4 Zasoby leśne

Lasy afgańskie składają się z umiarkowanych lasów iglastych położonych na wschodzie, umiarkowanych łąk i krzewów położonych na północy, górskich łąk i krzewów położonych na północy, południu i zachodzie oraz pustynnych krzewów położonych na południowym zachodzie kraju (UNEP, 2008).

Prawie 5 procent powierzchni kraju kilka wieków temu pokrywały wiecznie zielone lasy. We wschodniej części kraju ok. 1 mln ha powierzchni pokryto dębem, a prawie 2 mln ha sosną i cedrem. Mniej więcej jedna trzecia otwartej przestrzeni leśnej była pokryta migdałami, pistacjami i jałowcami. Obecnie lasy te są w większości zdegradowane. Całkowita powierzchnia lasów wynosiła w połowie XX wieku około 3,1-3,4 mln ha. W latach 2000-2005 tempo degradacji lasów było szacowane na około 2,92 procent rocznie. Wschodnie obszary kraju, głównie Nuristan, Kunar i Nangarhar, są bogate w lasy. W latach 1977-2002 analiza za pomocą teledetekcji wykazała, że powierzchnia lasów została zmniejszona o ponad 50 procent, co pokazano na rysunku 2.3 (NEPA, 2012).

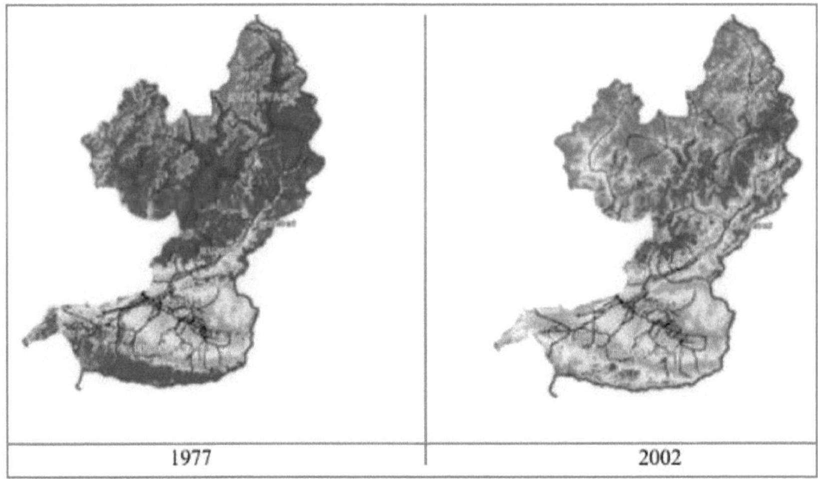

Rysunek 2.3. Degradacja lasów w Afganistanie w latach 1977-2002. (Źródło: UNEP, 2003)

2.2 Prowincja Kandahar

Prowincja Kandahar znajduje się w południowo-zachodniej strefie Afganistanu. Od północy otoczona jest przez prowincję Oruzgan, od zachodu przez prowincję Helmand, od wschodu przez prowincję Zabul, a od południa graniczy z pakistańską prowincją Beludżystan. Całkowita powierzchnia województwa wynosi 54 844,5 km2 , a całkowita liczba ludności w latach 2013-2014 wynosiła 1 175 800 osób. Z tego 34,8 procent to ludność miejska, a 65,2 procent to ludność wiejska. W prowincji

Kandahar znajduje się 15 dystryktów, a mianowicie: Arghandab, Arghistan, Daman, Ghorak, Khakrez, Maruf, Maywand, Meenasheen, Nesh, Panjwayi, Registan, Shah Wali Kot, Shorabak, Spin Boldak Zhari, pokazanych na rysunku 2.4 (GUS, 2013-14).

2.2.1 Przegląd miasta

Kandahar jest jednym z głównych miast Afganistanu. Miasto to jest domem dla około 409 700 osób (GUS, 2013-14). Kandahar jest stolicą prowincji Kandahar. Miasto położone jest na wysokości 1.010 m n.p.m. we współrzędnych 31.6167° N, 65.7167° E. Klimat miasta jest suchy i występują tu ekstremalne temperatury. Prowincja przeżywa wszystkie cztery pory roku. Zimą temperatura spada do 0° C, a latem wzrasta do około 40° C, głównie w lipcu. Jego średnie roczne opady wynoszą około 190 mm. Główny czas trwania opadów wynosi od grudnia do kwietnia, ale czasami sięga do lipca (Bałakarzai, 2010).

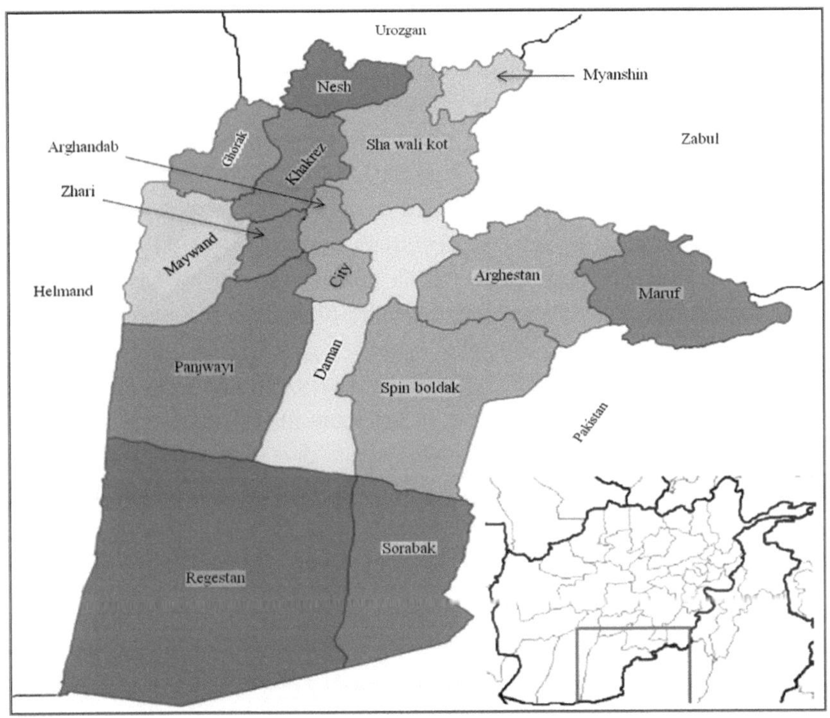

Rysunek 2.4: Mapa prowincji Kandahar.
(Źródło: zdjęcia Google, 2014)

2.2.2 Sytuacja energetyczna

W Kandaharze energia jest w zasadzie wykorzystywana do gotowania, ogrzewania pomieszczeń i oświetlenia. Ograniczone gospodarstwa domowe mają możliwość chłodzenia, podczas gdy inne używają tradycyjnych technik, takich jak wykorzystanie podziemnego pomieszczenia, które nazywa się (Zer khana). W 2011 roku całkowita szacunkowa ilość energii pierwotnej zużytej w mieście Kandahar wynosiła 9 023 TJ. Wykorzystano około 5 415 TJ (60%) oleju opałowego, 2 141TJ (24%) drewna opałowego, 1 227 TJ (14%) LPG i 216 TJ (2%) hydro. Łącznie zużyto 115 GWh energii elektrycznej rocznie. Z tego zużycie w sektorze mieszkaniowym, handlowym i przemysłowym wyniosło odpowiednio 91 GWh, 8 GWh i 16 GWh (Mohammad, Shrestha, & Kumar, 2013). Zużycie energii elektrycznej, oleju napędowego, benzyny (stosowanej w małych domowych generatorach), a nafty na osobę rocznie wyniosło odpowiednio 135 kWh, 105 litrów, 67 litrów i 1,8 litra. Zużycie LPG, węgla drzewnego i węgla w gospodarstwie domowym w ciągu roku wyniosło odpowiednio 244 kg, 2 kg i 0,5 kg. Przedłużający się zrzut obciążenia powoduje, że do wytwarzania energii elektrycznej w gospodarstwach domowych zużywa się zbyt wiele benzyny i oleju napędowego (odpowiednio około 4,2 mln litrów rocznie i 3,4 mln litrów rocznie). Drewno opałowe, pozostałości upraw, obornik bydlęcy i LPG są głównymi paliwami wykorzystywanymi do gotowania i ogrzewania pomieszczeń w ponad 70% sektora mieszkaniowego, natomiast 3% gospodarstw domowych używa węgla drzewnego do gotowania i ogrzewania (Mohammad et al., 2013). Rysunek 2.5. przedstawia paliwo używane do gotowania i ogrzewania pomieszczeń, a rysunek 2.6. pokazuje udział zużycia energii elektrycznej w poszczególnych sektorach w Kandaharze.

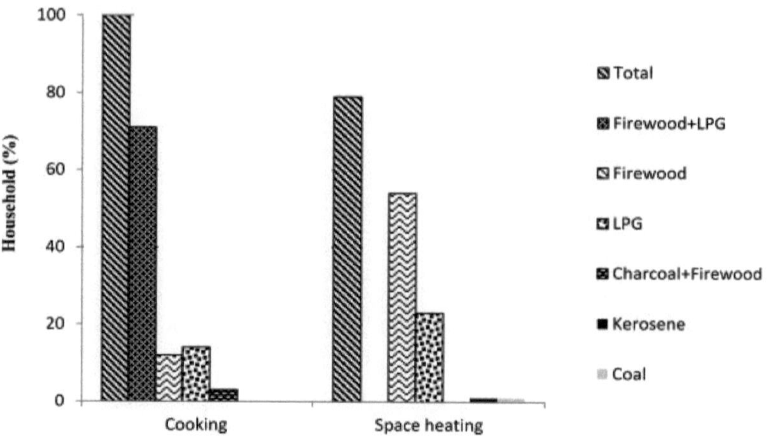

Rysunek 2.5. Paliwo używane do gotowania i ogrzewania pomieszczeń w mieście Kandahar w 2011 roku. (Źródło: Mohammad, 2012)

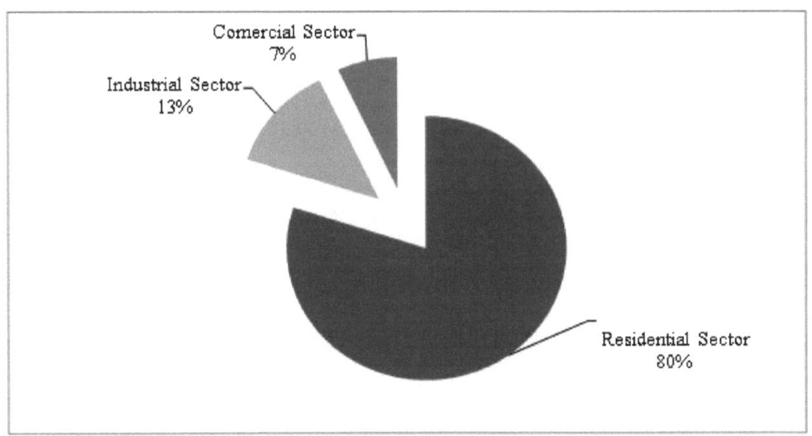

Rysunek 2.6. Udział zużycia energii elektrycznej według sektorów w mieście Kandahar w 2011 roku. (Źródło: Mohammad, 2012)

2.2.3 Rośliny uprawne

Kandahar posiada prawie 157,400 ha gruntów uprawnych, około 118,000 ha (75%) to grunty nawadniane. Głównymi źródłami nawadniania są kanały, kareze, źródła i studnie. Około 81,5 procent nawadnianej ziemi było nawadniane kanałami.

W latach 1983-84 na około 78.000 ha uprawiano pszenicę z plonem 1,82 tony z hektara. Uprawy wspólne to pszenica, jęczmień i kukurydza, produkowane na terenie całej prowincji. Pszenica była uprawiana głównie na terenach nawadnianych, a część na terenach zasilanych deszczem. Uprawiano również rośliny pastewne, takie jak lucerna, koniczyna i niektóre rośliny przemysłowe, jak słonecznik, bawełna, sezam, oliwki, kminek i orzechy ziemne. Oprócz tego na terenie całej prowincji uprawia się również różne rodzaje warzyw, takie jak okra, pomidory, cebula, bakłażan i ogórek (Unidata, 1990). Tabela 2.3 przedstawia główne uprawy, powierzchnię upraw i plony w Kandaharze.

Tabela 2.3: Główne uprawy, obszar uprawny i plony w Kandaharze w latach 1983-84

Uprawa	Rolnicy (%)	Grunty uprawne/rolnik (ha)	Średnia wydajność (kg/ha)
Pszenica nawadniana	88	2.6	1,365
Pszenica podawana w deszczu	8	3.4	385
Kukurydza	59	1	840
Jęczmień	30	1	945
Fasola Mung Bean	18	1	525

(Źródło: Unidata.1990)

Własność ziemi uprawnej w prowincji wynosiła około 4,2 ha na właściciela, a całkowita własność ziemi wynosiła 13,66 ha na właściciela, przy czym 65 procent tej ziemi nie było uprawiane. Mahalajat, Karz, Bala Karz i Pero Kalacha to miejscowości produkcyjne w pobliżu miasta. Prawie 30,8 procent ogólnej powierzchni uprawnej województwa było uprawiane, a 8,5 procent zaliczono do gruntów nieuprawianych. 83,1 proc. gruntów uprawnych stanowiły zboża, 9,6 proc. owoce, 3,1 proc. warzywa, 1,7 proc. uprawy przemysłowe i 2,5 proc. inne uprawy (Unidata, 1990).

2.2.4 Zwierzęta gospodarskie

W przeszłości prowincja Kandahar była bardzo bogata w kontekście zwierząt gospodarskich. Prowincja ta była tymczasową stacją dla nomadów (Kochyan), którzy przez cały rok podróżowali między prowincjami Ghazni Zabul, Herat i Badghis, przekraczając Kandahar. Jednak późniejsza susza ściśle wpłynęła na styl życia tych koczowników, stracili oni większość żywego inwentarza, głównie owce i kozy, a obecnie żyją w prowincji Kandahar jako wewnętrzni przesiedleńcy (IDP) z ostatnich 6-7 lat (MRRD, 2013).

W sektorze rolnym istnieje wiele małych mleczarni na terenach miejskich i podmiejskich. Rolnicy zazwyczaj hodują niewiele krów do produkcji mleka, część tego mleka jest wykorzystywana przez rolników, a nadwyżka jest sprzedawana do punktów skupu mleka na potrzeby mieszkańców miasta, co jest dobrym sposobem na uzyskanie dochodów dla formatorów. Gnojowica bydlęca produkowana w mleczarniach jest używana do gotowania w domu oraz jako nawóz dla upraw. W wiejskich gospodarstwach domowych własność zwierząt gospodarskich wynosi 55 procent, podczas gdy odsetek ten sięga 91 procent dla koczowników (Kuchyan) i jednego procenta dla głównych gospodarstw miejskich. Zwierzęta te to zwykle bydło, owce, kozy, osły i wielbłądy (MRRD, 2013). W 2005 r. własność zwierząt gospodarskich została przedstawiona w tabeli 2.4 w ujęciu procentowym.

Tabela 2.4: Stan posiadania zwierząt gospodarskich w prowincji Kandahar w 2005 r.

Inwentarz żywy	Nomady(Kochyan)	Gospodarstwa domowe na obszarach wiejskich (%)	Miejskie gospodarstwa domowe (%)	Średnia (%)
Bydło	15	29	1	15
Oxen	0	8	1	3
Konie	15	1	0	5
Osioł	76	18	0	31
Camel	48	1	0	16
Koziołki	73	27	1	33
Owce	76	35	1	37
Drób	73	51	1	42

(Źródło: MRRRD, 2013)

2.3 Status technologii energetycznych wykorzystujących biomasę w Afganistanie i innych krajach

W tej sekcji omówiono obecnie stosowane technologie pozyskiwania energii z biomasy, głównie piece kuchenne w Afganistanie oraz ulepszone piece kuchenne (ICS) i biogazownie w innych krajach, które są odpowiednie dla Afganistanu.

2.3.1 Kuchenka z trzema kamieniami (Naghari)

Bazując na osobistych doświadczeniach, trzykamienna kuchenka typu "Naghari" jest tradycyjną kuchenką, używaną niemal w każdym domu w Afganistanie do gotowania (rysunek 2.7). Piec ten jest zazwyczaj wykonany z błota i cegły lub z prętów stalowych. Można w nim spalać różne rodzaje paliwa z biomasy. Ponieważ jest to otwarte wypalanie paliwa, dlatego wydajność kuchenki jest bardzo niska i wydziela dużo dymu. "Naghari" jest używane zarówno do gotowania posiłków, jak i pieczenia chleba w gospodarstwach domowych.

Rysunek 2.7: Ceglane i metalowe typy trzech kamiennych pieców kuchennych "Naghari". (Źródło: zdjęcie Google, 2014)

2.3.2 Piec gliniany (Tanur)

Piec gliniany "Tanur" jest wykonany z gliny, zbudowany nawet pionowo pod ziemią lub poziomo w ścianie (rysunek 2.8). Wydajność nie jest znana, ale zużywa dużo paliw stałych, dopóki nie uzyska wystarczającej ilości ciepła do wypieku chleba. Po nagrzaniu, ciasto chlebowe zostaje na ścianie do pieczenia. Korzystają z niej głównie piekarze komercyjni (Nienhuys, 2012).

Rysunek 2.8: Pionowe, podziemne i poziome typy "Tanur".
(Źródło: Nienhuys, 2012)

2.3.3 Piec metalowy skrzyniowy (Bukhari)

"Bukhari" to wielofunkcyjny piec, który służy głównie do ogrzewania pomieszczenia, gotowania wody i gotowania, pokazany na rysunku 2.9. Jest wykonana z cienkiego metalu. Jego wydajność nie jest znana. Kiedy zrobiło się gorąco, uwalnia ciepło do otoczenia pomieszczenia. Dużo ciepła uwalnia się, gdy dym wydobywa się przez fajkę na zewnątrz pomieszczenia. Może być wykonany zarówno lokalnie, jak i komercyjnie (Ashmore, 2002).

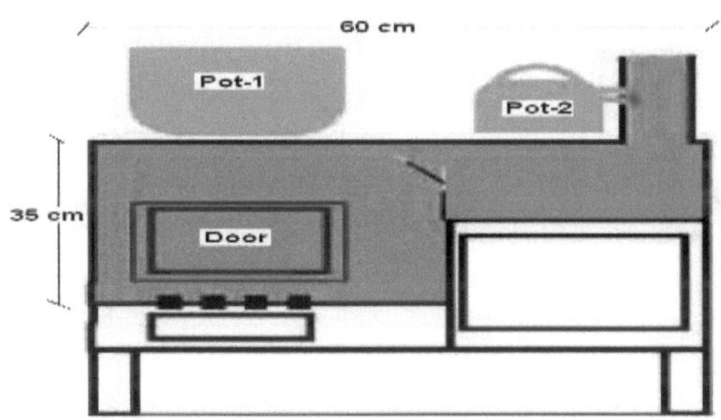

Rysunek 2.9: Metalowy piec skrzynkowy typu "Bukhari".
(Źródło: Ashmore, 2002)

2.3.4 Ulepszony piec kuchenny

Rozpoczęto wiele programów mających na celu rozwój i rozszerzenie ulepszonej technologii pieców kuchennych, głównie w krajach rozwijających się. W oparciu o warunki zastosowania, niektóre z tych ulepszonych pieców kuchennych opracowanych w regionie są podobne pod względem zużycia paliwa, rodzajów konstrukcji i materiałów do obecnych pieców kuchennych w Afganistanie; dlatego też mogą być one stosowane w Afganistanie. Niektóre z nich są opisane w tej części.

i. Piec kuchenny Anagi II

Anagi II jest wspólnym ulepszonym piecem kuchennym (ICS) opracowanym w Sri Lance w 1986 r. przez cejlońską Radę Energii Elektrycznej we współpracy z ITDG w ramach programu Urban Piece. Nazwa Anagi oznacza w języku Sinhala doskonałe określenie (Sanchez, 2008). Piec kuchenny Anagi II, pokazany na rysunku 2.10, jest wykonany z gliny. Składa się z dwóch otworów ogniowych i dwóch posiłków można gotować jednocześnie. Drugi pusty piec jest połączony z pierwszym piecem za pomocą pustej rury. Ciepło wytworzone w pierwszym otworze ogniowym jest doprowadzane do drugiego garnka i nie jest marnowane, co prowadzi do zmniejszenia zużycia drewna opałowego, czasu gotowania i wytworzenia mniejszej ilości dymu. Wydajność techniczna pieca wynosi 21 %, oszczędza prawie 30 % drewna opałowego i około półtorej godziny. Piec Anagi II może być używany do gotowania posiłku dla 6-osobowej rodziny. Można w nim spalać różne rodzaje paliwa, takie jak drewno opałowe, resztki roślinne i łupiny orzechów kokosowych. Czas życia pieca jest badany około 3 lat. Głównymi elementami pieca są: palenisko, otwór drugiego garnka i tunel (połączenie paleniska z gniazdem drugiego garnka) (Sanchez, 2008).

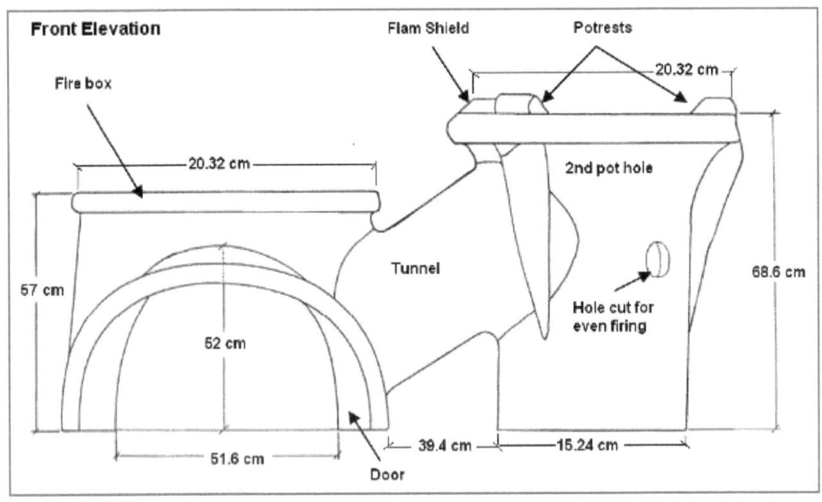

Rysunek 2.10: Rysunki techniczne pieca kuchennego Anagi II.
(Źródło: Działania praktyczne, 1988)

ii. Ulepszony chulha

Wspólny typ ulepszonego chulha, który nazywa się Abhinav/Jetan, został opracowany przez Technical Back-up Unit, Energy Research Centre, Punjab University, Chandigarh, w 1987 roku.

Piec ten (pokazany na rysunku 2.11) jest piecem dwupalnikowym, wykonanym z błota z kominem i można w nim stosować różne rodzaje paliwa, takie jak drewno opałowe, krowie łajno, resztki pożniwne i gałązki. Po kuchennym piecu, mając amortyzatory zgłosiły niedogodności podczas gotowania, Narodowy Program Ulepszony Chulha (NPIC) przyszedł z tą przepustnicą mniej konstrukcji. Wydajność pieca wynosi 22%. Jego szybkość spalania wynosi 1Kg/h, a normalny czas gotowania wynosi 40-60 minut (FAO, 1993). Piec ten jest szeroko stosowany w indyjskich stanach takich jak Haryana, Uttar Pradesh, Delhi, Radżastan i Madhya Pradesh. Rozpowszechnia się ponad milion jednostek. Może podtrzymywać garnek o średnicy (24-25 cm). Koszt produkcji pieca wynosi około 55-72 Rs. (2,2-2,9 USD) (FAO, 1993).

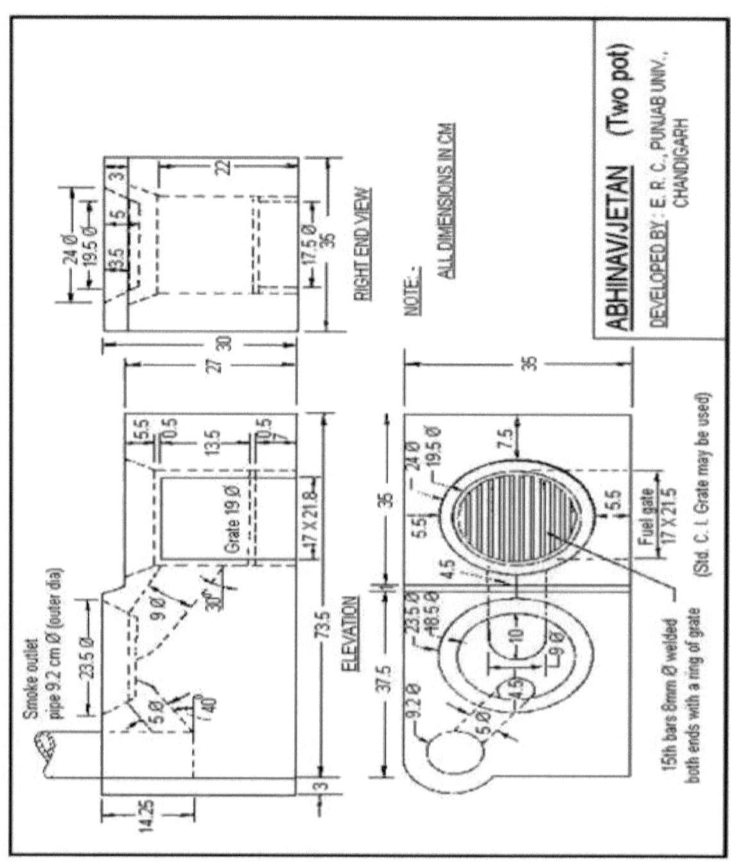

Rysunek 2.11: Rysunki techniczne ulepszonego wozidła (Abhinav/Jetan). (Źródło: FAO, 1993)

2.3.5 Technologia biogazowa

Biogaz jest produkowany przez mikroorganizmy w procesie fermentacji beztlenowej biomasy ulegającej biodegradacji. W tym procesie organiczna część biomasy jest trawiona przez bakterie w środowisku beztlenowym. W wyniku tego powstają CH_4, CO_2, H_2 i rozłożona masa. W zależności od materiału zasilającego i jego frakcji ulegającej rozkładowi, biogaz ma różny skład, około 50% do 70% stanowi metan (CH_4), 30% do 40% dwutlenek węgla (CO_2), 5% do 10% wodór (H_2), 1% do 2% azot (N_2), 0,3% para wodna (H_2O) i siarkowodór (H_2S) w ilościach śladowych. Metan jest gazem palnym. Jego wartość opałowa wynosi 20 MJ na m^3 , a stosunek powietrza do paliwa, wymagany do jego spalania, wynosi 5,7. Do jego zapalenia potrzebna jest temperatura około 700C°, a gęstość metanu wynosi 0,94 kg na m^3 (Energypedia, 2014).

Biogazownia jest strukturą fizyczną, w której odbywa się fermentacja biomasy ulegającej degradacji. Głównymi elementami składowymi biogazowni są:

Zbiornik do mieszania: Wlot do zakładu, gdzie mieszany jest obornik zwierzęcy i woda

Rura wlotowa zasilania: Rura łącząca zbiornik mieszający z komorą fermentacyjną

Digester: Główna struktura, w której odbywa się beztlenowa fermentacja gnojowicy

Uchwyt na gaz: Lufcik przechowuje wyprodukowany gaz

Rura wylotowa gnojowicy: Wylot dla przefermentowanej gnojowicy

Rura wylotowa gazu: Rura służąca do odprowadzania wyprodukowanego gazu z uchwytu gazowego do obszaru roboczego
Powszechnie spotykanymi typami Biogazowni są:

i. Biogazownia stacjonarna kopułowa

Stała kopuła to urządzenie jednokomorowe, w którym kopuła pełni rolę uchwytu i nie ma części ruchomej. Elektrownia ta jest zbudowana pod ziemią, co pozwala uniknąć skutków wahań temperatury i pozwolić, aby górna przestrzeń została wykorzystana na inne aktywacje (Energypedia, 2014). Powszechnie stosowanymi typami stacjonarnych biogazowni kopułowych są:

a. Biogazownia Janatha

Biogazownia Janatha jest konstrukcją indyjską, która w ogóle jest konstrukcją murowaną. Struktury wlotowe i wylotowe zakładu mają kształt zbiornika, z którego odpowiednio podawany jest obornik zwierzęcy i wydobywany jest przefermentowany gnojowica. Gaz powstający w wyniku fermentacji gnojowicy w komorze fermentacyjnej trafia w górę i gromadzi się w kopule. Gdy ilość produkowanego gazu wzrasta, wypycha on przefermentowaną gnojowicę na wylot, a także pomaga zwiększyć ciśnienie gazu wychodzącego przez wylot. Ponieważ jest to stała struktura, ciśnienie gazu nie jest stałe jak w przypadku typu pływającego (Energypedia, 2014).

b. Biogazownia Deenbandhu

Biogazownia Deenbandhu jest udoskonaloną wersją biogazowni Janatha, pokazaną na rysunku 2.12. Został on opracowany w Indiach przez Action for Food Production (AFPRO) w 1984 roku. Zakład ten może być zbudowany z dostępnych lokalnie materiałów. Koszt budowy tego modelu jest tani (30 - 45 proc. niż Janatha). Straty przez komorę wlotową są mniejsze, a jej praktyczny czas retencji (RT) jest zbliżony do teoretycznego czasu retencji (RT). Konstrukcja tego modelu składa się z dwóch kulek o różnych średnicach, połączonych u ich podstaw. Nie ma potrzeby stosowania murów wokół komór fermentacyjnych. Wlot i wylot z tej instalacji jest podobny do biogazowni Janatha. Aby zapobiec przedostawaniu się gnojowicy do wylotu gazu, jest on skonstruowany 150 mm poniżej wylotu gnojowicy. Zdolność magazynowania gazu w tym modelu wynosi 33% całkowitej pojemności komory fermentacyjnej (Energypedia, 2014).

Zalety

- W porównaniu z kopułą pływającą, jest tania.
- Nie ma problemu z korozją
- Zmiana temperatury nie ma na nią wpływu
- Nie wymaga konserwacji

Wady

- Do budowy zakładu potrzebny jest wykwalifikowany murarz.
- Produkcja gazu na metr sześcienny objętości komory fermentacyjnej jest mniejsza.
- Ponieważ nie ma żadnego elementu mieszającego, jest on narażony na problem powstawania szumowin.

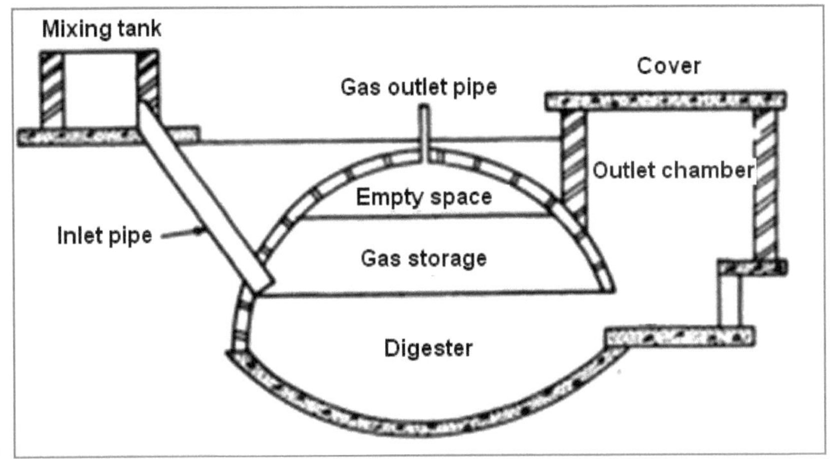

- Ciśnienie gazu nie jest stałe

Rysunek 2.12: Rysunek techniczny elektrowni biogazowej z kopułą stałą (Deenbandhu).
(Źródło: nelsonelson.com, 2011)

c. Biogazownia DSAC-Model

Biogazownia DSAC-Model to prostokątna stała kopułowa fermentatornia pokazana na rysunku 2.13. Został on zmodyfikowany na podstawie modeli chińsko-indyjskich i wykorzystany na Filipinach. Struktura tego zakładu jest całkowicie z betonu, cegieł i innych podobnych lokalnie dostępnych materiałów, więc jego struktura jest bardziej trwałe. Instalacja jest przystosowana do zastosowań na małą, średnią i dużą skalę (Jaimme Q. Dilidili, 2011).

Szczególne cechy modelu DSAC-Model można podsumować jako:

- Jest przyjazny dla środowiska, może zmniejszyć zanieczyszczenie z 60% do 80%.
- Koszt inwestycji jest niski
- Łatwość budowy i obsługi
- Jest samonapędzający się
- Elastyczność projektu

- ❖ Jego produkcja biogazu wynosi od 35% do 60% objętości komory fermentacyjnej.
- ❖ Możliwość dostosowania do zastosowań na małą, średnią i dużą skalę

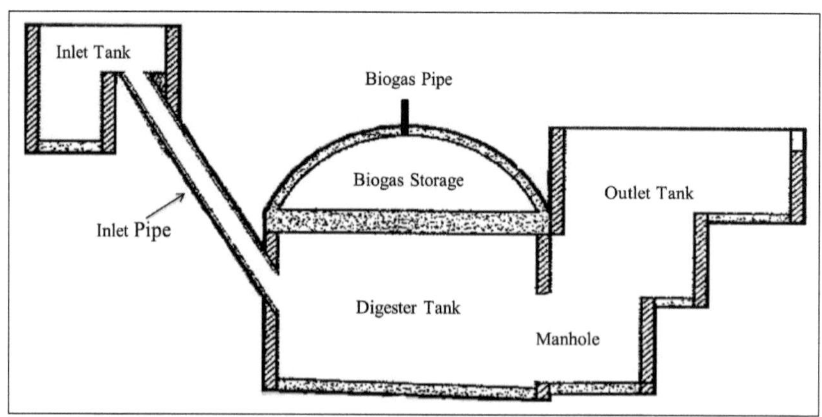

Rysunek 2.13: Rysunek techniczny biogazowni DSAC-Model. (Źródło: (Jaimme Q. Dilidili, 2011)

ii. Biogazownia z pływającym bębnem

Biogazownia z pływającym bębnem jest zbudowana pod ziemią z cegieł i metalowej okrągłej kopuły, pokazanej na rysunku 2.14. W środku komory fermentacyjnej zbudowana jest ściana działowa, aby uniknąć mieszania się świeżej i przefermentowanej gnojowicy. Wytworzony gaz jest gromadzony w metalowej strukturze. Ta metalowa konstrukcja jest ruchoma. Kiedy objętość produkowanego gazu zwiększa się, rośnie, a gaz jest odbierany przez gaz wypuszczony na zewnątrz, a następnie spada. Bęben ten jest obracany poziomo, aby przerwać tworzenie się piany w komorze fermentacyjnej. Dla momentu pionowego bębna stosowana jest centralna rama prowadząca. Koszt bębna stanowi około 60 procent całkowitych kosztów zakładu. Masa bębna pomaga zapewnić stałe ciśnienie gazu. Zbiorniki wlotowe i wylotowe instalacji są takie same jak w biogazowni kopułowej. Przewód gazowy znajduje się w górnej części instalacji. Ten typ jest szeroko stosowany w Indiach (Energypedia, 2014).

Zalety

- Produkcja gazu na metr sześcienny objętości komory fermentacyjnej jest wysoka.
- Formacja szumowin jest zamurowana przez spawane aparaty ortopedyczne.
- Brak wycieku gazu
- Ciśnienie gazu jest stałe

Wady

- Ze względu na metalowy uchwyt na gaz, jego koszt jest wysoki.
- Metalowy uchwyt na gaz uwalnia ciepło
- Metalowy uchwyt gazu wymaga konserwacji

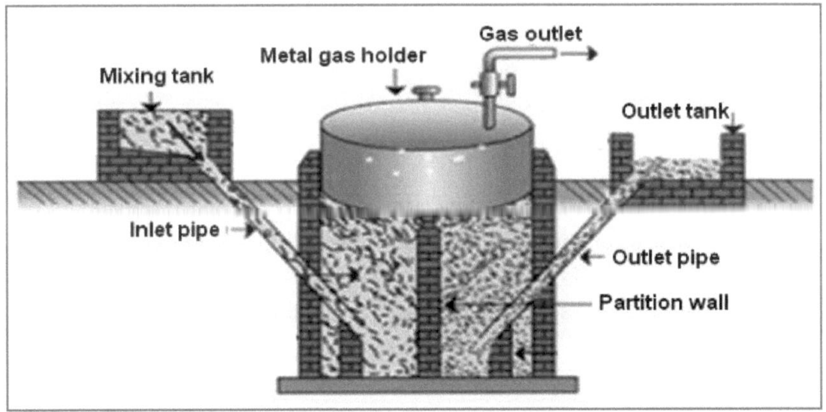

Rysunek 2.14: Rysunek techniczny biogazowni pływającej w bębnie.
(Źródło: VIJAYA SOLAR, 2008)

2.4 Metodyka oceny potencjału energetycznego biomasy

2.4.1 Metody określania potencjału energetycznego pozostałości roślinnych

Metoda-1: Oszacowanie wytworzonych rocznych pozostałości (ARG) i ich potencjału energetycznego (EP) opiera się na rocznym zbiorze (AH), stosunku pozostałości do produktu (RPR), współczynniku dostępności nadwyżki (SAF), współczynniku wykorzystania energii (EUF) i niższej wartości opałowej (LHV) pozostałości po uprawie (Bhattacharya et al., 2005).

EPresidue = ARG x (SAF + EUF) x LHVresidue (2 .1)

Gdzie,

ARG = Σ (AH x RPR) (2.2)

W powyższych równaniach,
EP = Roczny potencjał energetyczny (TJ/r)
ARG = roczne wytwarzanie pozostałości (t/r)
SAF = współczynnik nadmiaru dostępności
EUF = Współczynnik wykorzystania energii
LHV = niższa wartość grzewcza (TJ/t)
AH = roczne zbiory (t/r)
RPR = Stosunek pozostałości do produktu

Metoda-2: W celu określenia potencjału energetycznego pozostałości upraw, średnie roczne plony upraw (Yi), ich stosunek pozostałości do plonów (hiryr) oraz stosunek nadwyżki (^{hisaf}) można znaleźć w krajowych statystykach danego kraju, a roczny potencjał produkcji pozostałości upraw do celów energetycznych można określić na podstawie następującego równania (Rahman & Paatero, 2012)

Rith = Yi x hiryr x ^{hisaf}(2 . ^{3})

W celu określenia potencjału energetycznego tej pozostałości roślinnej można zastosować poniższe równanie, które opiera się na fermentacji beztlenowej.

Eihcad = Rith x hirdf x hivs x ^{him} x Qmc (2 . 4)

Gdzie, Eihcad = roczny potencjał energetyczny (MJ/r)
Rith = Roczna nadwyżka resztek pożniwnych (kg/r)
hirdf = współczynnik suchości pozostałości (kg na kg)
hivs = stosunek substancji stałych lotnych (VS) do suchej masy (DM)

on = tempo wytwarzania biogazu (^{m3} na kg VS)
Qmc = niższa wartość opałowa biogazu (MJ na ^{m3})

2.4.2 Metody określania potencjału energetycznego obornika zwierzęcego

Metoda-1: Obornik zwierzęcy składa się z materiału organicznego, wilgoci i popiołu. W środowisku beztlenowym ulega on rozkładowi i wytwarza CH4, $_{CO2}$ oraz stabilizowane materiały organiczne (SOM). Potencjał energetyczny obornika zwierzęcego poprzez produkcję biogazu szacowany jest za pomocą następujących równań (Bhattacharya et al., 2005).
EPmanure = ABPmanure x LHVbiogas (2, 5)
Gdzie,

ABPmanure = Σ (DMR x VS x Ybiogas) (2.6)

DMR = DM x NA x FR x 365 (2 7)

W powyższych równaniach,
EPmanur = roczny potencjał energetyczny obornika zwierzęcego (TJ/r)
ABPmanure = Roczna ilość biogazu z nawozu naturalnego nadającego się do odzysku (NM3/y)
LHVbiogaz = niższa wartość opałowa obornika zwierzęcego (TJ/M3)
DMR = Roczna kwota odzyskiwanej suchej masy (kg/r)
VS = Frakcja lotnych substancji stałych w suchej masie (kg VS/kg DM)
Ybiogas = wydajność biogazu (NM3/kg VS)
DM = Ilość suchej masy (kg na głowę dziennie)
NA = Liczba zwierząt
FR = Frakcja odchodów zwierzęcych, którą można odzyskać

Metoda-2: W celu określenia potencjału energetycznego obornika bydlęcego, liczby sztuk bydła, ich średniej masy całkowitej i wskaźnika wydalania obornika określa się z konkretnego gospodarstwa mleczarskiego. Do określenia masy obornika zwierzęcego (Kg/dzień) stosuje się następujące równanie (Ahmad i in., nd).

Masa obornika zwierzęcego = {(liczba zwierząt x średnia masa x wskaźnik wydalania zwierząt) / 1000} (2 . 8)

Aby znaleźć objętość metanu na objętość odchodów zwierzęcych stosuje się następujące równanie.

$$Yv = (\quad 2 \quad . \quad 9\left(\frac{Bo \text{ x } Vs}{Rt}\right)\left[1 - \left(\frac{K}{(Rt \text{ x um}) - 1 + K}\right)\right])$$

Gdzie Yv to ^{m3} CH4 na ^{m3} obornika, Bo to ostateczna wydajność metanu (m3/Kg), Rt to czas retencji (dni), um to maksymalne specyficzne tempo wzrostu drobnoustrojów na dzień (0,326), K to parametr kinetyczny (1,64 dla gospodarstw mlecznych).

Ilość biogazu wytwarzanego z metanu oblicza się za pomocą następującego równania.

Wyprodukowany biogaz (m3/dobę) = 0,575 x Yv
(2 ,10)

A energia z biogazu jest obliczana za pomocą następującego równania.

E_{biogas} = Biogas produced x LHV_{biogas}
(2.11)

Gdzie Ebiogaz to dzienny potencjał energetyczny biogazu (J/dzień), a LHVVbiogaz to wartość opałowa biogazu dla miłośników (J/m3)

2.5 Metody określania charakterystyki biomasy (Proximate and Ultimate Analysis and Heating Values)

2.5.1 Metoda przybliżonej analizy biomasy

Powszechnie stosowana metoda analizy składu biomasy stałej jest znana jako "analiza wskaźnikowa". Surowiec klasyfikuje się pod względem zawartości wilgoci, substancji lotnych, popiołu i węgla stałego. Metoda ta jest szybka, praktyczna i daje wyniki, które są wystarczająco dokładne, aby

przewidzieć wartość lub przydatność biomasy stałej. Zawartość wilgoci w biomasie jest to ubytek masy zaobserwowany podczas jej suszenia w warunkach standardowych. Substancje lotne to masa biomasy traconej w postaci oparów i gazów, gdy jest ona ogrzewana w przypadku braku powietrza w określonych warunkach. Popiół jest pozostałością nieorganiczną pozostałą po spaleniu biomasy w standardowych warunkach. Węgiel stały w ujęciu procentowym jest szacowany poprzez odjęcie całkowitego procentu pozostałych trzech parametrów od 100.
Test ten jest wykonywany przy użyciu następującego urządzenia:

- Analizator termograwimetryczny (TGA701)
- Waga elektroniczna
- Tygiel, który może stać w wysokiej temperaturze
- Długi zacisk (do przesuwania tygla).
- 250 mikronów (nr 60) sita

Zawartość wilgoci w %, substancji lotnych w %, popiołu w % i węgla stałego w % na podstawie masy można określić na podstawie następujących równań.

1) Zawartość wilgoci:

Wilgotnościomierz Zawartość % = $\frac{M1-M2}{M1}$ x 100 (2 .12)

2) Materia lotna:

Substancje lotne % = $\frac{M2-M3}{M1}$x 100 (2 ,13)

3) Zawartość popiołu:

Zawartość popiołu % = $\frac{Ash\ Mass}{M1}$x 100 (2 .14)

4) Stały węgiel:

Węgiel stały % = 100 - (%mocznik + % substancji lotnych + % popiołu) (2.15)

Gdzie, M1 = masa początkowa
M2 = masa po wysuszeniu w warunkach standardowych
M3 = masa po ogrzaniu w przypadku braku powietrza zgodnie z zaleceniami
Stan:

2.5.2 Metoda ostatecznej analizy biomasy

Ostateczna analiza daje w zasadzie skład pierwiastkowy biomasy w procentach wagowych węgla (C), wodoru (H), tlenu (O), siarki (S) i azotu (N) (Fukuda, 2012). Ten test został przeprowadzony przez laboratorium serwisowe.
2.5.3 Metody określania wartości opałowych (HHV i LHV) biomasy

Wartość opałowa biomasy jest zasadniczo podawana w postaci wyższej wartości opałowej (HHV) i niższej wartości opałowej (LHV). Wartość grzewcza to głównie ciepło wydzielane podczas spalania określonej ilości biomasy. Wyższa wartość opałowa (HHV) to energia uwalniana w procesie spalania, gdzie para wodna wytworzona w procesie spalania ulega kondensacji (uwalniane jest utajone ciepło parowania). A niższa wartość opałowa (LHV) to energia uwalniana w procesie spalania, gdzie para wodna wytworzona w procesie spalania jest uwalniana w postaci pary (ciepło utajone parowania nie jest uwalniane). Wartości grzewcze można określić doświadczalnie, jak również za pomocą korelacji empirycznych. Jednostkami pomiarowymi wartości grzewczych są Cal/g lub kJ/kg.

W tym badaniu wyższa wartość grzewcza zostanie stwierdzona za pomocą kalorymetru bombowego. Badana próbka biomasy jest całkowicie spalana w kalorymetrze bomby, który poddaje się działaniu czystego tlenu, a wytworzone w wyniku spalania ciepło jest absorbowane przez określoną masę wody. Temperatura wody podnosi się o pochłonięte ciepło, co pozwala obliczyć wyższą wartość opałową biomasy (Doświadczenia z laboratoriów szkoleniowych).

➢ Procedura badania biomasy za pomocą kalorymetru bombowego

1. Zmierzyć wilgotną zasadową zawartość wilgoci w próbce i przygotować próbkę poprzez sproszkowanie i suszenie w temperaturze 105 °C w piecu przez dwie godziny.
2. Zważyć tygiel i skalibrować wagę do zera. Waga około 0,9 do 1,1 g próbki
3. Włóż 10 cm przewód bezpiecznikowy. Drut nie powinien dotykać kubka ani próbki
4. Wlać około 10 ml wody destylowanej do naczynia do spalania. Ma to na celu uzyskanie wyższej wartości opałowej paliwa
5. Zmontować naczynie do spalania, mocno dokręcić korek
6. Ciśnienie w zbiorniku spalania z tlenem o ciśnieniu 31,5 bara
7. Napełnić 2000 ml wody destylowanej z pipety do wiadra
8. Umieścić wiadro w odpowiedniej komorze i umieścić naczynie do spalania w wyznaczonym miejscu.
9. Podłączyć przewody bezpiecznikowe do zbiornika do spalania. Zamknąć właz i bezpiecznie zamocować go
10. Zaloguj próbkę do oprogramowania AC-500 i kliknij na przycisk "Analizuj".
11. Analiza próbki trwa 20 minut.
12. Wyjąć naczynie i upewnić się, że próbka jest całkowicie spalona

➢ Obliczenia

i. Ustalenie wydajności cieplnej instalacji (W)

$$W = \left(M + C_b\right) x\, c \qquad (2.16)$$

Gdzie,
M = masa wody w wiadrze = 2000 ml
Cb = ekwiwalent wody dla bomby i wiadra = 453,4 g
c = sp. ciepło wody = 1 Cal/gK

ii. Ustalić skorygowany wzrost temperatury (ΔT), C°.

$$\Delta T = T_c - T_a - r_1(b - a) - r_2(c - b)$$
(2.17)

Gdzie,
a = czas zapłonu
b = czas, w którym temperatura osiągnęła 60 % całości
c = czas, w którym temperatura jest maksymalna
T_a = temperatura w momencie zapłonu
Tc = temperatura w czasie c
r1 = tempo wzrostu temperatury w ciągu 5 minut przed zapłonem, C°/min
r2 = tempo wzrostu temperatury w ciągu 5 minut po punkcie szczytowym, C°/min

iii. Korekta temperatury przewodu bezpiecznikowego

$$C_1 = c_{fuse}\,(L_i - L_f) \quad (2.18)$$

Bezpiecznik topikowy = ciepło topienia drutu topikowego = 2,3 Cal/cm
L_i = długość drutu przed zapłonem
Lf = długość drutu po zapłonie

iv. Wartości grzewcze

$$HHV = \frac{(W \times \Delta T) - C_1}{g} \quad (2.19)$$

Gdzie,
g = masa próbki biomasy

Dla określenia dolnej wartości opałowej (LHV), Instrukcja obsługi kalorymetru automatycznego, (2011) zaleca następujące równanie, które opiera się na procencie wagowym wodoru. Procent wagowy wodoru jest określany na podstawie ostatecznej analizy próbki.

$$LHV = HHV - 24.41(H_{ad} \times 8.936)\ (J/g)$$
(2.20)

Gdzie,
Had = procent wagowy udział wodoru jako zasad oznaczonych w próbce z analizy końcowej.

2.6 Metoda określania wydajności pieca kuchennego

Wydajność kuchenki jest definiowana jako stosunek energii zużytej na gotowanie wody do energii paliwa wykorzystanego do gotowania wody. Wydajność określa się na podstawie ilości zużytego paliwa i ilości wody odparowanej po całkowitym spaleniu paliwa. Test ten nazywany jest standardowym testem wrzenia wody (WBT).

Poniższe równanie służy do wyliczenia wydajności pieca (równanie to opiera się na pracy laboratoryjnej).

$$h= \frac{m_{w,i} C_{pw} \left(T_e - T_i\right) + m_{w,evap} H_i}{m_f H_f} \quad (2.21\ )$$

Gdzie,
$m_{w,I}$ = Początkowa masa wody w naczyniu do gotowania (kg)
Cpw = ciepło właściwe wody (4,189 kJ/kg C°)
$mw_{,parowanie}$ = masa odparowanej wody (kg)
mf = Masa spalonego paliwa (kg)
$_{Te}$ = Temperatura wrzącej wody (C°)
Ti = Początkowa temperatura wody w garnku (C°)
Hi = Utajone ciepło parowania w temperaturze 100 C° i 1 bar (2,270 kJ/kg)
Hf = wartość opałowa paliwa (kJ/kg)

2.7 Metoda określania wielkości instalacji do produkcji biogazu modelowego DSAC

Istnieją dwa podejścia do wielkości komory fermentacyjnej biogazu: określenie wielkości komory fermentacyjnej dla określonej ilości gnojowicy do przetworzenia lub określenie wielkości komory fermentacyjnej dla określonej ilości potrzebnego biogazu. Jeśli znana jest ilość pofermentowanej gnojowicy, można zastosować następujące równania do wielkości biogazowni DSAC-Model (Jaimme Q. Dilidili, 2011).

Objętość gnojowicy (m3/dzień) = Obornik zwierzęcy (m3/dzień) x 2 (stosunek obornika do wody = 1:1) (2.22)

Objętość komory fermentacyjnej (^{m3}) = objętość gnojowicy (m3/dobę) x RT (dni) (2.23)

Ponieważ biogazownia DSAC-Model jest prostokątną komorą fermentacyjną, w zależności od dostępności miejsca, można określić długość (L), szerokość (W) i wysokość (H) komory fermentacyjnej.

Kopuła magazynu biogazu wznosząca się od góry komory fermentacyjnej, f (m) = 1/3 x W (2,24)

Promień kopuły magazynującej biogaz, R (m) = (W2 + 4f2) / 8f (2,25)

Centralny kąt łuku kopuły, ø (stopień) = 2 x tan-1{(W / 2) / (R - f)} (2.26)

Pojemność magazynowa biogazu = L x (R2 / 2) {∏/180 x ø - sin (ø)} (2.27)

Pojemność zbiornika wlotowego (^{m3}) = objętość gnojowicy (m3/dobę) (2 ,28)

Wysokość rury wlotowej i włazu w komorze fermentacyjnej (m) = 1 / 2 x (H) (2,29)

Szerokość włazu (m) = 0,4 x W (2 ,30)

Objętość zbiornika wylotowego (^{m3}) = 1/3 x {Objętość komory fermentacyjnej (^{m3})} (2.31)

Na rysunku 2.15 przedstawiono parametry techniczne biogazowni DSAC-Model.

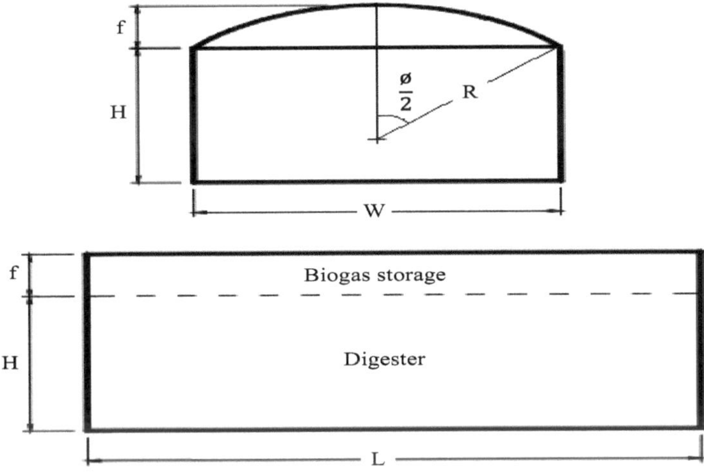

Rysunek 2.15. Parametry techniczne biogazowni DSAC-Model.
(Źródło: (Jaimme Q. Dilidili, 2011)

2.8 Metoda analizy finansowej projektu energetycznego

Analiza finansowa określa przydatność inwestycji. Zazwyczaj używa się go do oceny, czy projekt jest na tyle stabilny i rentowny, by można było w niego zainwestować, czy też nie. Wskaźniki te to: wartość bieżąca netto (NPV), stosunek korzyści do kosztów (B/C), wewnętrzna stopa zwrotu (IRR) oraz okres spłaty (PP) (Park, 2002).

❖ Wartość bieżąca netto (NPV): jest sumą zdyskontowanych przepływów pieniężnych netto z projektu.

$$NPV = (\quad 2 \quad , \sum_{n=0}^{N} A_n \, (1+i)^{-n} \; 32 \quad)$$

Gdzie,
N/n = okres czasu (lata)
A_n = roczny dochód
i = stopa procentowa

Polecenie NPV excel =NPV (i%, seria napływów) + wypływ (2 ,33)

Jeśli
NPV > 0 (Przyjmij inwestycję)
NPV = 0 (Pozostać obojętnym)
NPV < 0 (Odrzucenie inwestycji)

❖ Stosunek korzyści do kosztów (B/C): jest to stosunek korzyści netto do kosztów w całym okresie realizacji projektu. Jest on obliczany w chwili obecnej lub na początku okresu inwestycji.

$$\sum_{n=0}^{N} b_n(1+i)^{-n} \text{ B=} \qquad (2.34)$$

Gdzie,
N/n = okres czasu (lata)
bn = świadczenia roczne
i = stopa procentowa

$$\sum_{n=0}^{N} c_n(1+i)^{-n} \text{ C=} \qquad (2.35)$$

Gdzie,
N/n = okres czasu (lata)
cn = koszt roczny
i = stopa procentowa

Jeśli
B/C > 1 (Zaakceptuj inwestycję)
B/C = 1 (Pozostać obojętnym)
B/C < 1 (Odrzucenie inwestycji)

❖ Wewnętrzna stopa zwrotu (IRR): jest stopą dyskontową, która jest stosowana w budżetowaniu kapitałowym i równa się zerowej bieżącej wartości netto przepływów pieniężnych z projektu. Im wyższa IRR, tym bardziej atrakcyjna będzie inwestycja. IRR jest obliczana na podstawie przepływów pieniężnych netto projektu przez program Excel, jak w poniższym równaniu.

Polecenie IRR excel = IRR (zasięg, zgadywanie) (2 .36)

IRR > MARR (Akceptacja inwestycji)
IRR = MARR (Pozostać obojętnym)
IRR < MARR (Odrzucenie inwestycji)

Minimalna akceptowalna stopa zwrotu (MARR) to stopa procentowa, o jaką pożyczane są pieniądze na inwestycje.

❖ Okres spłaty (PP): Wymagany okres czasu na odzyskanie kosztów inwestycji. Im krótsza będzie PP, tym beneficjentem będzie inwestycja.

$$\text{PP (lata)} = \frac{\textit{Initial}\ \text{investment}}{\textit{Uniform}\ \text{annual benefits}} \quad (2.37)$$

ROZDZIAŁ 3
METODOLOGIA

Niniejszy rozdział ilustruje szczegółowe ramy metodologiczne badania.

3.1 Ramy metodologiczne

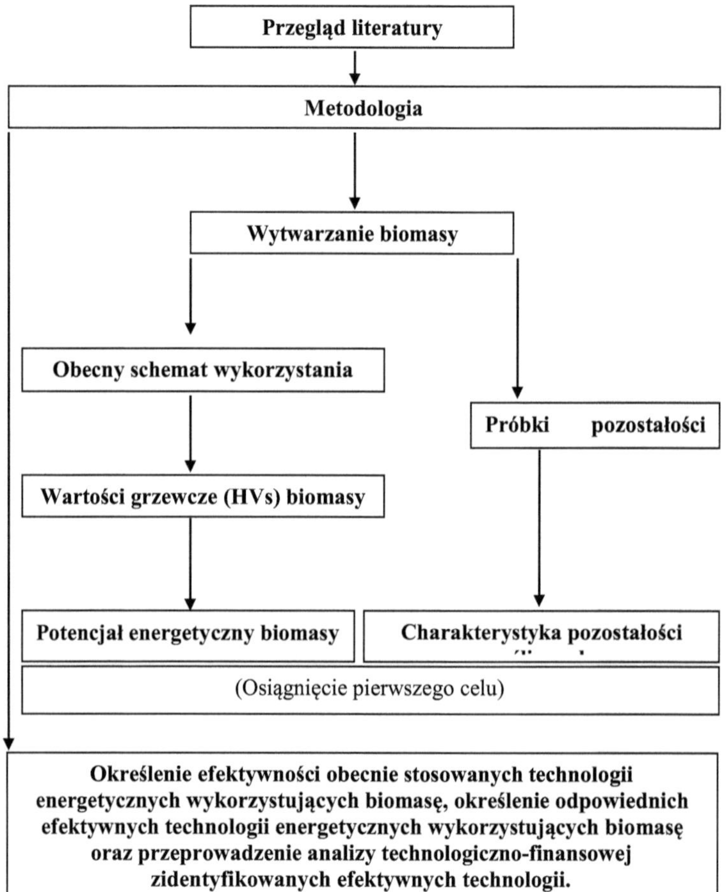

Rysunek 3.1: Ramy metodologiczne badania.

3.2 Szczegółowa metodologia celu pierwszego

3.2.1 Dostępność biomasy, obecny schemat wykorzystania i potencjał energetyczny

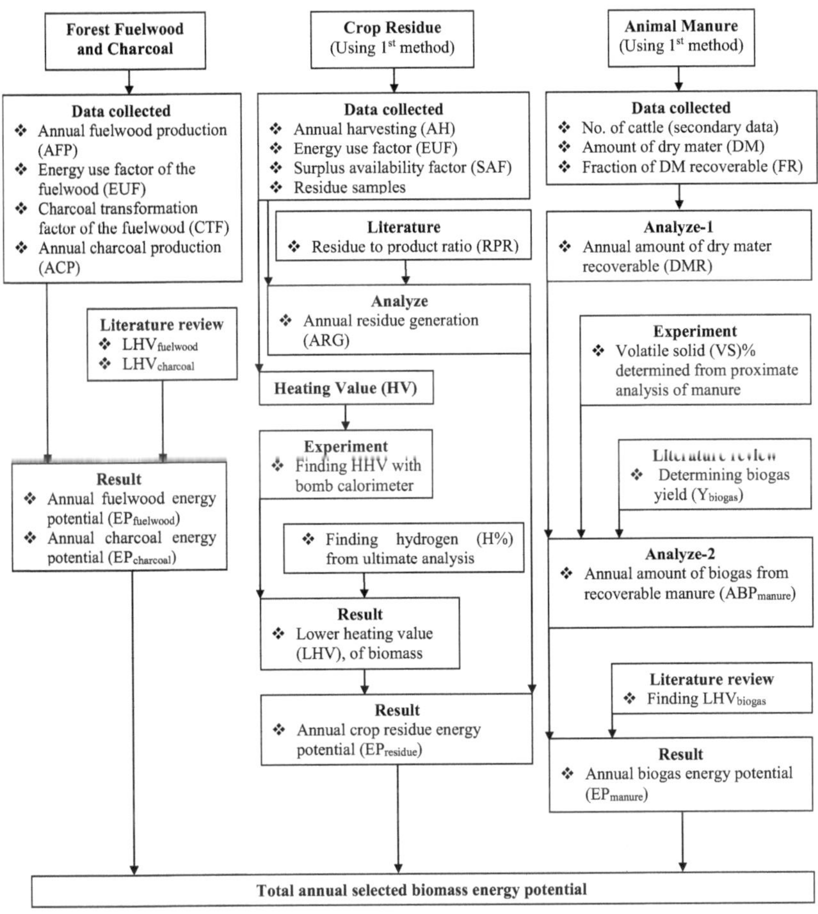

Rysunek 3.2: Szczegółowa metodologia wybranego potencjału energetycznego biomasy.

3.2.2 Charakterystyka pozostałości roślinnych

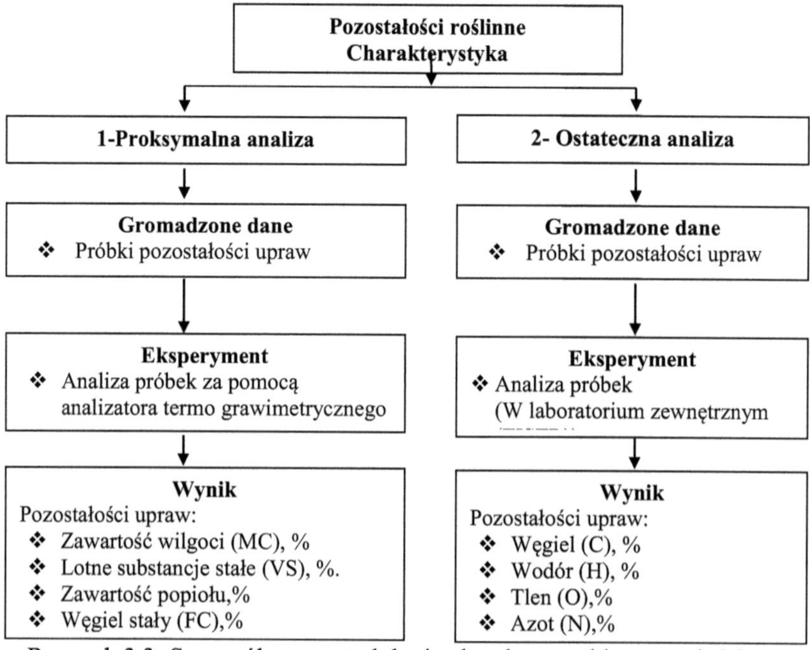

Rysunek 3.3: Szczegółowa metodologia charakterystyki pozostałości po uprawach.

3.3 Szczegółowa metodologia drugiego celu

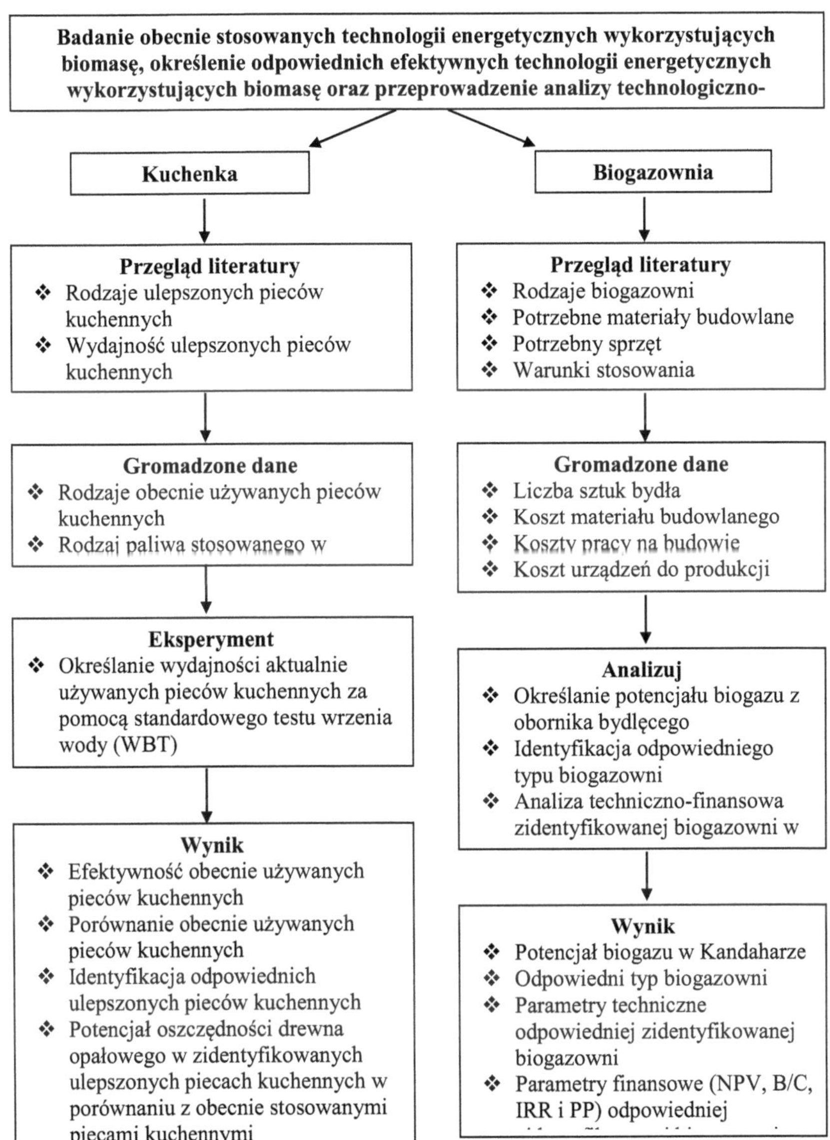

Rysunek 3.4: Szczegółowa metodologia drugiego celu.

3.4 Źródła gromadzonych danych

Badanie to opiera się na danych pierwotnych, danych wtórnych i wynikach eksperymentów.

3.4.1 Źródło danych pierwotnych

Dane te zostały zebrane w terenie w Afganistanie podczas gromadzenia danych w listopadzie 2014 roku.

❖ Parametry obornika bydlęcego

W tym badaniu wymaganymi danymi pierwotnymi są parametry obornika bydlęcego {produkcją świeżego obornika (kg na bydło dziennie), frakcja odzyskiwalna i proporcja suchej masy}. Parametry te zostały określone z gospodarstwa mleczarskiego, znajdującego się w prowincji Kandahar w Afganistanie.

❖ Koszty materiałów i urządzeń dla biogazowni

Koszty materiałów budowlanych i potrzebnego wyposażenia biogazowni zostały zebrane z lokalnego rynku w prowincji Kandahar w styczniu 2015 roku.

3.4.2 Wtórne źródło danych

Dane te zostały zebrane od powiązanych organizacji w Afganistanie podczas zbierania danych w listopadzie 2014 r. oraz na powiązanych stronach statystycznych.

❖ Roczna leśna produkcja drewna opałowego i węgla drzewnego

Dane dotyczące rocznej produkcji leśnego drewna opałowego i węgla drzewnego zostały zaczerpnięte z

Strona internetowa Działu Statystyki FAO (http://faostat3.fao.org/download/F/FO/E

❖ Zużycie energii i współczynniki przekształcenia węgla drzewnego w drewno opałowe w lesie

EUF i CTF leśnego drewna opałowego zostały oszacowane na podstawie strony internetowej ONZ poświęconej statystykom danych).

❖ Źródło danych dotyczących rocznej produkcji roślinnej i pogłowia bydła

Dane dotyczące rocznej produkcji roślinnej i pogłowia bydła zostały zaczerpnięte z:

A. Rocznik statystyczny Afganistanu 2012-13 (http://cso.gov.af/Content/files/08%20Agriculture%20Development.pdf)

B. Rocznik statystyczny Afganistanu 2013-14 (http://cso.gov.af/Content/files/Agriculture%20Development(1).pdf)

C. Central Statistics Organization (CSO), z siedzibą w Ansari Watt, Kabul, 1254 Afganistan.

3.4.3 Eksperymenty

Na podstawie zebranych próbek określono wartości opałowe i charakterystykę wybranych pozostałości roślinnych.

❖ Wartości grzewcze

Wyższe wartości opałowe wybranych resztek pożniwnych badano za pomocą LECO, automatycznego kalorymetru bombowego (AC-500) w dziedzinie badań energetycznych, Azjatycki Instytut Technologii (AIT).

❖ Charakterystyka pozostałości roślinnych

Proksymalną i ostateczną analizę wybranych pozostałości z upraw przeprowadzono w oparciu o ich próbki pobrane z pola w Afganistanie.

a) Proksymalna analiza

Analizę przybliżoną przeprowadzono za pomocą analizatora termograwimetrycznego (TGA 701) w dziedzinie energetyki, Azjatycki Instytut Technologii (AIT).

b) Ostateczna analiza

Ostateczna analiza wybranych pozostałości roślinnych opiera się na ASTM D 5373. Ponieważ AIT nie posiadał sprzętu do ostatecznej analizy, próbki pozostałości roślin uprawnych zostały przebadane w Thailand Institute of Science and Technological Research (TISTR), znajdującym się w 35 Moo 3, Technopolis, Tambon, Khlong Luang, Pathumthani, 12120 Tajlandia.

ROZDZIAŁ 4
POTENCJAŁ ENERGETYCZNY WYBRANEJ BIOMASY W AFGANISTANIE

Niniejszy rozdział ukazuje dostępność, obecny schemat wykorzystania i potencjał energetyczny wybranej biomasy w ośmiu strefach (północna, północno-wschodnia, zachodnia, zachodnio-środkowa, środkowa, południowa, wschodnia i południowo-zachodnia) Afganistanu. Strefy te pokazano na rysunku 2.1. W rozdziale tym opisano również charakterystykę wybranych resztek pożniwnych.

Ze względu na ograniczenie danych, ocena dotyczy dwóch lat (2012-13 i 2013-14).

4.1 Roczny leśny potencjał energetyczny drewna opałowego i węgla drzewnego

W tej części opisano roczną produkcję leśnego drewna opałowego, jego współczynnik wykorzystania energii, współczynnik przemiany węgla drzewnego, potencjał energetyczny leśnego drewna opałowego (wykorzystywanego do celów energetycznych) oraz potencjał energetyczny węgla drzewnego (przemienianego z leśnego drewna opałowego). Jednakże większość drewna opałowego produkowana jest z sadów, jednak ze względu na brak danych dotyczących drewna opałowego z sadów, w niniejszym badaniu skupiono się jedynie na leśnym drewnie opałowym z drzew iglastych i liściastych.

4.1.1 Roczna leśna produkcja drewna opałowego

Lasy znajdują się głównie we wschodniej części kraju. Prowincje Nuristan, Kunar i Nangarhar są bogate w tego typu lasy. Około miliona hektarów ziemi pokryto dębem, dwa miliony hektarów sosną i cedrem, a prawie jedna trzecia otwartych terenów leśnych była pokryta migdałami, pistacjami i jałowcami w połowie XX wieku. W tym czasie całkowita powierzchnia lasów wynosiła około 3,1-3,4 mln ha. W latach 2000-2005 lasy te są zdegradowane o 2,92 procent rocznie (NEPA, 2012).

Na rysunku 4.1. przedstawiono produkcję drewna opałowego z drzew iglastych i liściastych w latach 2012-13 i 201314. Produkcja drewna opałowego z drzew iglastych wyniosła 508 207 ^{m3} i 517 770 ^{m3} odpowiednio w latach 2012-13 i 2013-14. Produkcja drewna opałowego z drzew liściastych wyniosła 1 185 732 $^{m3\text{ w latach}}$ 2012-13 i 1 208 042 ^{m3} w latach 2013-14. Produkcja drewna opałowego z drzew liściastych jest 2,3 razy większa niż produkcja drewna opałowego z drzew iglastych w Afganistanie. Zwiększa się jednak produkcja drewna opałowego, lasy ulegają degradacji.

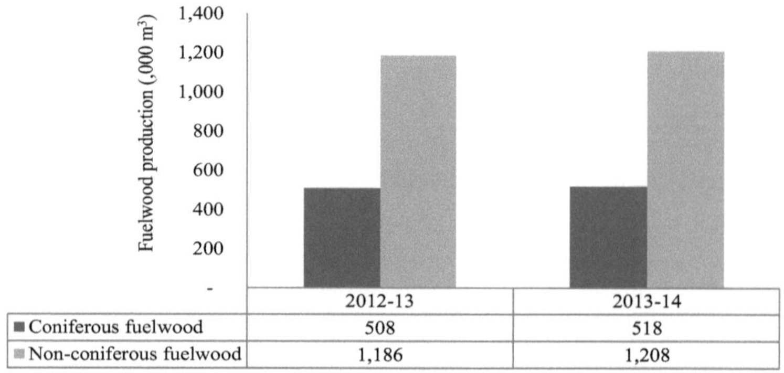

Rysunek 4.1: Produkcja drewna opałowego z lasów iglastych i innych niż iglaste w Afganistanie. (Źródło: FAOSTAT, 2015)

4.1.2 Schemat wykorzystania drewna opałowego w leśnictwie

Aby oszacować potencjał energetyczny drewna opałowego z lasów iglastych i innych, konieczne jest określenie ich współczynnika wykorzystania energii i współczynnika przemiany węgla drzewnego. Współczynnik wykorzystania energii wskazuje na frakcję drewna opałowego, które jest wykorzystywane do gotowania i ogrzewania pomieszczeń, a współczynnik przemiany węgla drzewnego wskazuje na frakcję drewna opałowego, które jest przemieniane na węgiel drzewny. Współczynnik wykorzystania energii (EUF) dla drewna opałowego ogółem wynosił 0,58, a współczynnik przemiany węgla drzewnego (CTF) 0,42 (UNdata, 2015).

Produkcja leśnego drewna opałowego (wykorzystywanego do celów energetycznych) wyniosła 982 485 ^{m3} i 1 000 971 ^{m3} odpowiednio w latach 2012-13 i 2013-14, a około 711 454 $^{m3\text{ w latach}}$ 2012-13 i 724 841 ^{m3} w latach

2013-14 zostało przekształcone na węgiel drzewny. Na rysunku 4.2. przedstawiono ilość drewna opałowego zużytego na energię bezpośrednio i przetworzonego na węgiel drzewny.

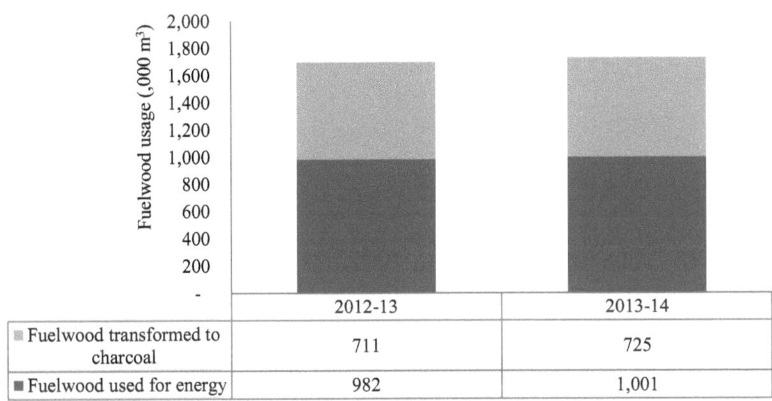

Rysunek 4.2. Ilość drewna opałowego wykorzystanego do produkcji energii i przetworzonego na węgiel drzewny. (Źródło: FAOSTAT, 2015)

W celu określenia potencjału energetycznego leśnego drewna opałowego przeliczono go z podstaw objętościowych na podstawy wagowe. Ponieważ nie są znane specyficzne gęstości drewna opałowego z drzew iglastych i liściastych w Afganistanie, dlatego też stosuje się typową gęstość 484 kg na m3 drewna opałowego z drzew iglastych i 748 kg na ^{m3} drewna opałowego z drzew liściastych z 12% zawartością wilgoci (UN, 1987). Ten zakres zawartości wilgoci jest odpowiedni dla drewna opałowego z Afganistanu. Na rysunku 4.3. przedstawiono produkcję drewna opałowego i węgla drzewnego według masy.

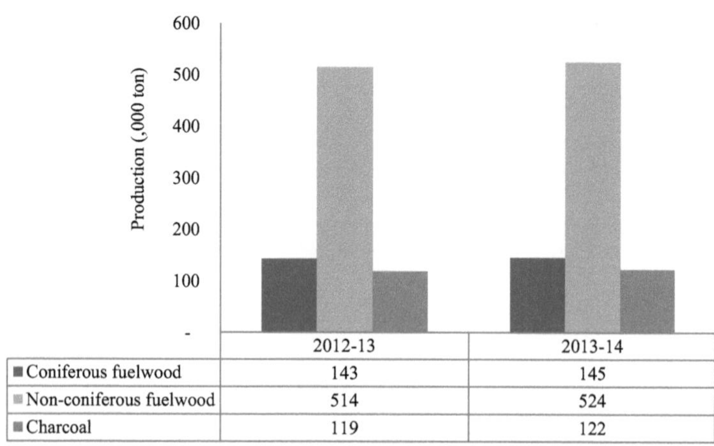

Rysunek 4.3: Leśne drewno opałowe (wykorzystywane do celów energetycznych) i produkcja węgla drzewnego w Afganistanie. (Źródło: FAOSTAT, 2015)

4.1.3 Wartości opałowe leśnego drewna opałowego i węgla drzewnego

Do oszacowania potencjału energetycznego drewna opałowego z drzew iglastych, drewna opałowego z drzew innych niż iglaste oraz węgla drzewnego niezbędne są ich specyficzne wartości opałowe. Ponieważ w Afganistanie nie prowadzono wcześniejszych badań nad tymi parametrami, odpowiednie wartości opałowe 19,53 MJ na kg i 18,59 MJ na kg z 12% zawartością wilgoci są stosowane odpowiednio dla drewna opałowego z lasów iglastych i innych niż iglaste (Saidur et al., 2011). A wartość opałowa 28 MJ na kg jest stosowana dla węgla drzewnego drewna opałowego (UN, 1987). Wartości te są podsumowane w tabeli 4.1.

Tabela 4.1: Wartości opałowe leśnego drewna opałowego i węgla drzewnego

Rodzaj biomasy	Wartość opałowa (MJ/kg)
Drewno opałowe z lasów iglastych *	19.53
Drewno opałowe z lasów innych niż iglaste *	18.59
Węgiel drzewny z leśnego drewna opałowego**	28

(*Źródło: Saidur i in., 2011; ** ONZ, 1987)

4.1.4 Roczny potencjał energetyczny leśnego drewna opałowego i węgla drzewnego

Potencjał energetyczny leśnego drewna opałowego (bezpośrednio wykorzystywanego do celów energetycznych) i węgla drzewnego został oszacowany na podstawie ich produkcji i wartości opałowych w latach 2012-13 i 2013-14. Całkowity potencjał energetyczny leśnego drewna opałowego (bezpośrednio wykorzystywanego do celów energetycznych) i węgla drzewnego wyniósł 15 680 TJ i 16 008 TJ odpowiednio w latach 2012-13 i 2013-14. Potencjał energetyczny leśnego drewna opałowego (bezpośrednio wykorzystywanego do celów energetycznych) wynosił w latach 2012-13 12 349 TJ, a w latach 2013-14 12 582 TJ, co stanowiło około 79 procent udziału w całkowitym potencjale energetycznym leśnego drewna opałowego (bezpośrednio wykorzystywanego do celów energetycznych) i węgla drzewnego. Udział drewna opałowego z lasów iglastych i liściastych w potencjale energetycznym lasu (bezpośrednio wykorzystywanego do celów energetycznych) wyniósł 22,6 procent, a w potencjale energetycznym lasu 77,4 procent. Z całkowitego potencjału energetycznego leśnego drewna opałowego (bezpośrednio wykorzystywanego do celów energetycznych) i węgla drzewnego, około 21,4% (3 331 TJ w latach 2012-13 i 3 427 TJ w latach 2013-14) pochodzi z węgla drzewnego.

Równanie 4.1 służy do określenia potencjału energetycznego wykorzystywanego leśnego drewna opałowego.

$$\text{Drewno opałowe zużyte na cele energetyczne} = AFP \times EUF \times LHVD \quad (4.1)$$

Dla potencjału energetycznego węgla drzewnego stosuje się równanie 4.2.

$$EPcharcoal = ACP \times LHVcharcoal \quad (4.2)$$

Na rysunku 4.4. przedstawiono potencjał energetyczny drewna opałowego z lasów iglastych i innych (bezpośrednio wykorzystywanego do celów energetycznych) oraz węgla drzewnego z Afganistanu w latach 2012-13 i 2013-14. Potencjał energetyczny drewna opałowego z lasów iglastych, drewna opałowego z lasów innych niż iglaste oraz węgla drzewnego został zwiększony odpowiednio o 1,88, 1,88 i 2,87 w latach 2012-13 i 2013-14, ale ten wzrost produkcji był przyczyną degradacji lasów od połowy XX wieku. Na rysunku 2.3. przedstawiono degradację lasu w latach 1977-2002. Ponieważ tego rodzaju produkcja drewna opałowego nie jest zrównoważona, dlatego należy jej unikać.

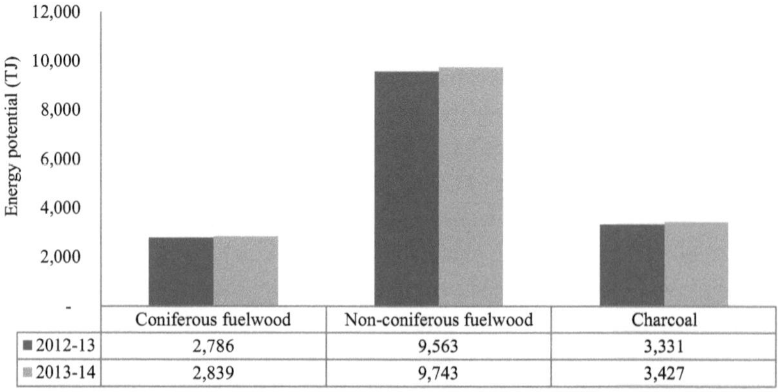

	Coniferous fuelwood	Non-coniferous fuelwood	Charcoal
2012-13	2,786	9,563	3,331
2013-14	2,839	9,743	3,427

Rysunek 4.4: Roczny potencjał energetyczny leśnego drewna opałowego (wykorzystywanego do celów energetycznych) i węgla drzewnego.

4.2 Roczny potencjał energetyczny pozostałości uprawnych

W tej części opisano roczną produkcję roślinną, wytwarzanie resztek roślinnych, wykorzystanie energii z resztek roślinnych oraz czynniki dostępności nadwyżek, ich wartości opałowe i potencjał energetyczny w ośmiu strefach Afganistanu. Do analizy stosuje się metodę szacowania-1 opisaną w sekcji 2.4.1.

4.2.1 Roczna produkcja pszenicy

W Afganistanie, pszenica jest podstawowym pożywieniem. Z całkowitej powierzchni gruntów uprawnych około 80 procent stanowiła pszenica, a jej produkcja wyniosła 79 procent w porównaniu z produkcją ryżu, jęczmienia i kukurydzy w latach 2013-14. Pszenica jest uprawiana zarówno na terenach nawadnianych, jak i zasilanych deszczem. Ziemia nawadniana przynosi więcej plonów niż ziemia karmiona deszczem, prawie trzy razy więcej. Pszenicę sadzi się dwa razy w roku, pierwszy sezon rozpoczyna się od września do grudnia, który nazywa się zbożem ozimym, a drugi sezon rozpoczyna się od marca do lipca, który nazywa się zbożem wiosennym. Najbardziej produktywne strefy produkcji pszenicy to północ (Faryab, Juzjan, Sar-i-pul, Balkh i Smangan) i północny wschód (Bughlan, Kunduz, Takhar i Badakhshan). Strefa mniej produktywna jest zachodnio-centralna (Ghor i Bamyan). W Afganistanie, około 2.512.000 hektarów ziemi było uprawiane przez pszenicę, jej plon wyniósł 2,01 tony z hektara, a produkcja wyniosła 5.050.000 ton w latach 2012-13. Powierzchnia upraw pszenicy zwiększyła się do 2.552.922 ha z lepszym plonem 2,025 tony z hektara, a produkcja pszenicy wzrosła do 5.169.235 ton w latach 2013-14. Ale mimo to, Afganistan boryka się z deficytem pszenicy. Około 386.000 ton i 328.000 ton pszenicy musiało być przywiezione odpowiednio w latach 2012-13 i 2.013.014.

Skumulowana produkcja w latach 2013-14 była wyższa od produkcji w latach 2012-13, ale na wykresie 4.5 widać, że produkcja pszenicy wzrosła o 17,5 proc. na północnym wschodzie, 23,7 proc. na zachodzie, 3,5 proc. na południu, 2,6 proc. na wschodzie, 10,6 proc. na południowym zachodzie i zmniejszyła się o 15,1 proc. na północy, 49,0 proc. na zachodzie i 3,9 proc. w centralnej strefie Afganistanu.

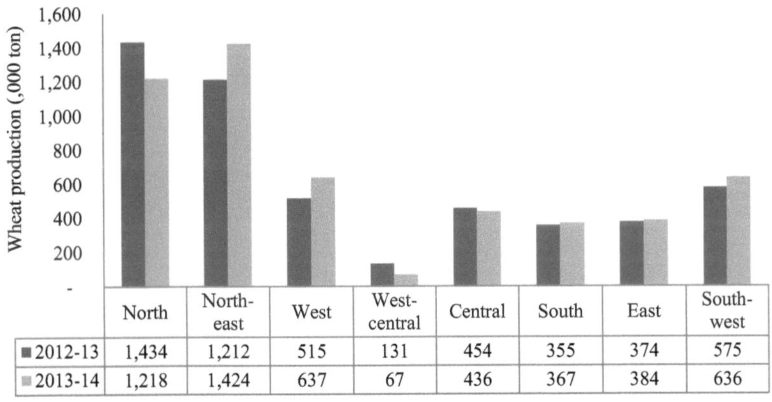

	North	North-east	West	West-central	Central	South	East	South-west
■ 2012-13	1,434	1,212	515	131	454	355	374	575
■ 2013-14	1,218	1,424	637	67	436	367	384	636

Rysunek 4.5. Roczna produkcja pszenicy w Afganistanie.
(Źródło: GUS, 2013-14)

4.2.2 Roczna produkcja ryżu

Ryż jest drugą najczęściej używaną rośliną w Afganistanie. Produkcja ryżu w Afganistanie nie jest tak wysoka. W całkowitej produkcji roślinnej w latach 2013-2014 ryż zajmuje trzecie miejsce. Zaledwie 6 procent całkowitej powierzchni gruntów uprawnych było uprawianych przez ryż, a produkcja ryżu stanowiła 8 procent całkowitej produkcji roślinnej w latach 2013-14. Uprawa ryżu wymaga wystarczającej ilości wody do nawadniania. Ponieważ Afganistan ma suchy klimat i mniej opadów w ciągu roku; dlatego też rolnicy nie wolą sadzić ryżu. Jedyną strefą, która charakteryzuje się dobrą produkcją ryżu, jest strefa północno-wschodnia (Bughlan, Kunduz, Takhar i Badakhshan), która ma wystarczającą ilość cofnięć, pochodzi z topnienia śniegu w górskich zlewniach na dużych wysokościach. Ta strefa produkuje więcej ryżu w porównaniu z innymi strefami Afganistanu. Inne strefy, takie jak zachodnio-centralna i południowo-zachodnia, to strefy mniej wydajne pod względem produkcji ryżu w Afganistanie. Ryż jest sadzony od kwietnia do maja i zbierany od października do listopada.

W latach 2012-13 w Afganistanie uprawiano ryż na powierzchni około 205 tys. ha. W tym roku plon z hektara wyniósł 2,44 tony, a produkcja ryżu 500.000 ton. W latach 2013-14 powierzchnia upraw ryżu była taka sama jak w latach 2012-13, ale z lepszym plonem 2,5 tony z hektara, a produkcja wzrosła w tym roku do 512 094 ton.

Rysunek 4.6 przedstawia produkcję ryżu w ośmiu strefach Afganistanu. W latach 2013-14 produkcja ryżu została jednak zwiększona w porównaniu z rokiem 2012-13, ale w poszczególnych strefach występują różnice w produkcji ryżu.

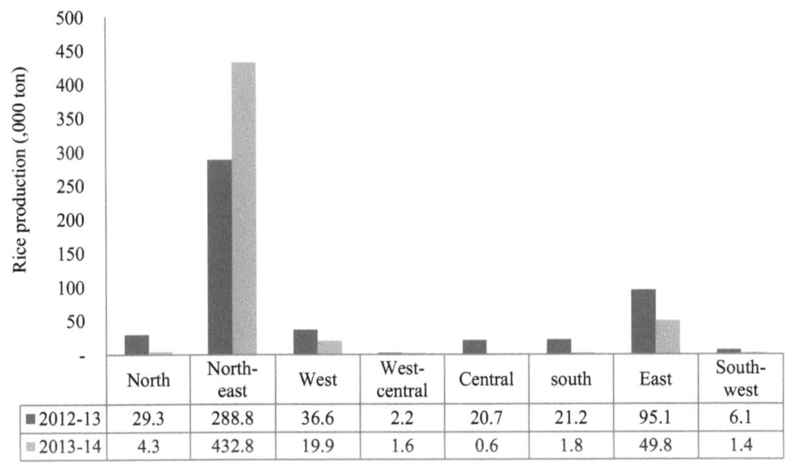

	North	North-east	West	West-central	Central	south	East	South-west
2012-13	29.3	288.8	36.6	2.2	20.7	21.2	95.1	6.1
2013-14	4.3	432.8	19.9	1.6	0.6	1.8	49.8	1.4

Rysunek 4.6: Roczna produkcja ryżu w Afganistanie.
(Źródło: GUS, 2013-14)

4.2.3 Roczna produkcja jęczmienia

Jęczmień jest podstawowym pożywieniem dla zwierząt w Afganistanie. W ogólnej produkcji roślinnej jęczmień zajmuje drugie miejsce po pszenicy. Z całkowitej powierzchni gruntów uprawnych w latach 2013-14, około 9 proc. stanowił jęczmień, a jego produkcja stanowiła 8 proc. całkowitej produkcji roślinnej w tym roku. Podobnie jak pszenica, jest ona również uprawiana na terenach nawadnianych, jak również na terenach zasilanych deszczem. Uprawa jęczmienia ma dwa sezony w roku, który nazywany jest sezonem zimowym i wiosennym. W sezonie zimowym jęczmień jest sadzony od września do grudnia, a zbierany od kwietnia do sierpnia. W sezonie wiosennym nasadzenia trwają od marca do lipca, a zbiory zaczynają się od sierpnia do grudnia. W Afganistanie najbardziej produktywne strefy jęczmienia znajdują się na północy, północnym wschodzie i południowym zachodzie, podczas gdy pozostałe strefy, takie jak południowa, środkowa, zachodnia, wschodnia i zachodnio-centralna, są strefami mniej produktywnymi.

W latach 2012-13 jęczmień uprawiał około 280.000 hektarów ziemi. Wydajność w tym roku wyniosła 1,8 tony z hektara, a produkcja jęczmienia 504.000 ton. W latach 2013-14 powierzchnia upraw jęczmienia zmniejszyła się do 278.000 hektarów, ale plony w tym roku były wysokie (1,85 tony z hektara) w porównaniu z rokiem ubiegłym; dlatego też produkcja w tym roku wzrosła do 514.000 ton.

Na rysunku 4.7. wykazano, że produkcja jęczmienia na północy, północnym wschodzie, zachodzie, zachodzie środkowym, południu, wschodzie i południowym zachodzie wzrosła o 2,7 proc. w latach 2012-13 do 2013-14, ale w tym samym okresie produkcja jęczmienia zmniejszyła się o 7,5 proc. w strefie centralnej kraju.

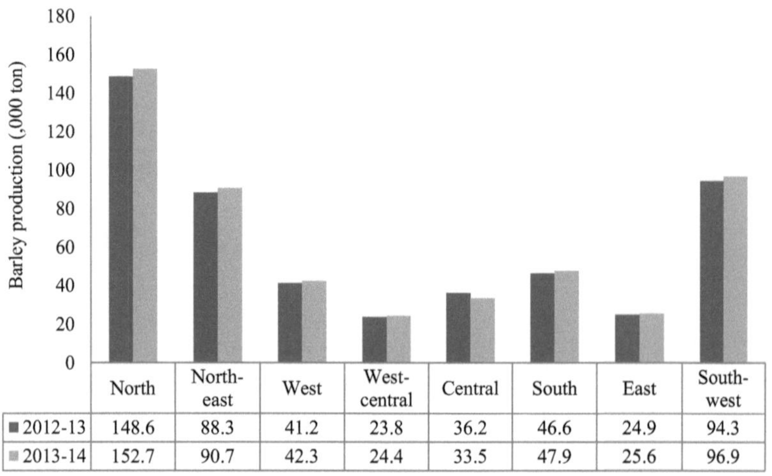

	North	North-east	West	West-central	Central	South	East	South-west
2012-13	148.6	88.3	41.2	23.8	36.2	46.6	24.9	94.3
2013-14	152.7	90.7	42.3	24.4	33.5	47.9	25.6	96.9

Rysunek 4.7. Roczna produkcja jęczmienia w Afganistanie.
(Źródło: GUS, 2013-14)

4.2.4 Roczna produkcja kukurydzy

W Afganistanie produkcja kukurydzy jest wystarczająca do użytku wewnętrznego. Zajmuje czwarte miejsce w całkowitej produkcji roślinnej w latach 2013-14. W latach 2013-2014 kukurydza stanowiła około 4 procent całkowitej powierzchni upraw, a jej produkcja stanowiła 5 procent całkowitej produkcji roślinnej. Ponieważ Afganistan nie posiada wystarczającej ilości pastwisk do karmienia zwierząt; dlatego też większość kukurydzy jest wykorzystywana do karmienia zwierząt, ale jest również wykorzystywana do spożycia przez ludzi. Kukurydza jest sadzona pod koniec wiosny i na początku lata (maj - czerwiec) oraz zbierana pod koniec lata i na początku jesieni (wrzesień - październik). Najbardziej produktywne strefy kukurydzy to południe (Paktya, Paktika, Khost i ghazni) i południowy zachód (Kandahar, Helmand, Zabul, Nimroz, Uruzgan i Daikunde). W pozostałych strefach (północnej i północno-wschodniej) rolnik woli ryż niż kukurydzę, ponieważ strefy te mają wystarczającą ilość wody do nawadniania.

W latach 2012-13 kukurydzę uprawiano na około 141.000 hektarów o plonie 2,2 tony na hektar, a jej produkcja wyniosła 310.000 ton. W latach 2013-14 powierzchnia użytków rolnych wzrosła do 142 tys. hektarów z takim samym plonem 2,2 tony na hektar, a produkcja wzrosła do 312 tys. ton. Ta produkcja kukurydzy jest wystarczająca do użytku wewnętrznego w Afganistanie, więc kukurydza nie jest importowana do Afganistanu.

Jednakże całkowita produkcja kukurydzy została zwiększona w latach 2012-13 do 2013-14, ale w niektórych strefach odnotowano jej spadek na rysunku 4.8. Produkcja kukurydzy spadła o 36,6 procent na północy, 11,4 procent na północnym wschodzie, 5,6 procent na zachodzie i wschodzie. Podczas gdy w innych strefach produkcja wzrosła o 3,7 proc. w zachodnio-centralnej, 22,2 proc. w centralnej, 14,1 proc. na południu i 4,5 proc. na południowym zachodzie.

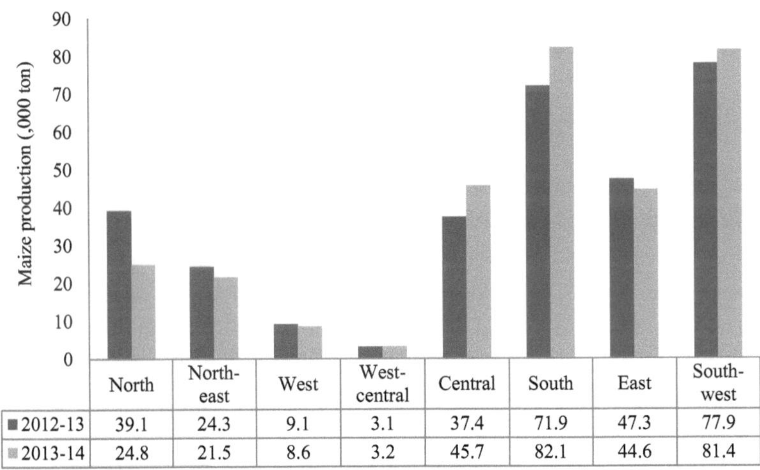

	North	North-east	West	West-central	Central	South	East	South-west
■2012-13	39.1	24.3	9.1	3.1	37.4	71.9	47.3	77.9
■2013-14	24.8	21.5	8.6	3.2	45.7	82.1	44.6	81.4

Rysunek 4.8: Roczna produkcja kukurydzy w Afganistanie. (Źródło: GUS, 2013-14)

4.2.5 Całkowita roczna produkcja roślinna

Jest to podsumowanie całkowitej rocznej produkcji głównych upraw (pszenicy, ryżu, jęczmienia i kukurydzy) Afganistanu w latach 2012-13 i 2013-14. Całkowita produkcja roślinna w latach 2012-13 i 2013-14 wyniosła odpowiednio 6 364 000 ton i 6 507 329 ton, co oznacza wzrost o 2,3 procent. W tej całkowitej produkcji roślinnej pszenica jest główną rośliną uprawną, uprawianą w każdej prowincji kraju na potrzeby wewnętrzne jako żywność dla ludzi. W latach 2012-13 i 2013-14 produkcja pszenicy wynosiła odpowiednio 5.050.000 ton i 5.169.235 ton. Udział produkcji pszenicy w całkowitej produkcji roślinnej wyniósł 79,4 procent w latach 2013-14. Jęczmień miał drugą co do wielkości produkcję, odpowiednio 504 000 ton i 514 000 ton w latach 2012-13 i 2013-14. Udział produkcji jęczmienia w całkowitej produkcji roślinnej w latach 2013-14 wyniósł 7,9%. Na trzecim miejscu znalazła się produkcja ryżu (7,87%) w całkowitej produkcji roślinnej w latach 2013-14. Produkcja ryżu wyniosła 500 000 ton i 512 094 tony odpowiednio w latach 2012-13 i 2013-14. Kukurydza była najmniej wydajną rośliną w kraju z udziałem 4,8 procent w całkowitej produkcji roślinnej w latach 2013-14. Jego produkcja w latach 2012-13 i 2013-14 wyniosła odpowiednio 310.000 ton i 312.000 ton w Afganistanie.

Na rysunku 4.9 przedstawiono całkowitą roczną produkcję roślinną Afganistanu w latach 2012-13 i 2013-14. Pokazuje to, że produkcja każdej rośliny wzrosła w latach 2012-13 do 2013-14.

4.2.6 Roczne wytwarzanie słomy pszennej

W Afganistanie zebrana pszenica jest młócona na polu za pomocą maszyny młócącej, która oddziela ziarna pszenicy od słomy. Strefa północna i północno-wschodnia Afganistanu są głównymi strefami produkcji słomy pszennej, a strefa zachodnio-centralna jest najmniejszą strefą produkcji słomy pszennej w kraju. Ponieważ nie ma wcześniejszych badań dotyczących stosunku pozostałości słomy pszennej do produktu (RPR) dla Afganistanu, w tym badaniu wartość RPR pszenicy, 1.8 jest używana jak w sąsiednich Indiach (Jasvinder Singh & Gu, 2010). Na tej podstawie, około 9.090.000 ton słomy pszennej zostało wytworzone w latach 2012-13, podczas gdy produkcja pszenicy wynosiła 5.050.000 ton. W latach 2013-14 produkcja słomy pszenicznej wzrosła do 9 304 623 ton, podczas gdy produkcja pszenicy wynosiła około 5 169 235 ton.

Na rysunku 4.10. widać, że pokolenie słomy pszennej w latach 2012-13 i 2013-14 jest zróżnicowane. Zmniejszyła się ona w kierunku północnym, zachodnio-centralnym i centralnym, a wzrosła w kierunku północno-wschodnim, zachodnim, południowym, wschodnim i południowo-zachodnim. Skumulowana produkcja słomy pszenicznej w Afganistanie wzrosła o 2,4 procent w latach 2012-13 do 2013-14.

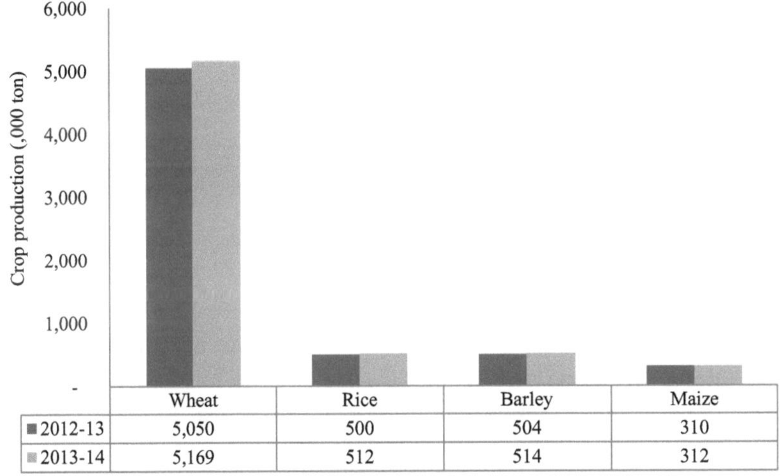

	Wheat	Rice	Barley	Maize
■ 2012-13	5,050	500	504	310
■ 2013-14	5,169	512	514	312

Rysunek 4.9. Całkowita roczna produkcja roślinna w Afganistanie. (Źródło: GUS, 2013-14)

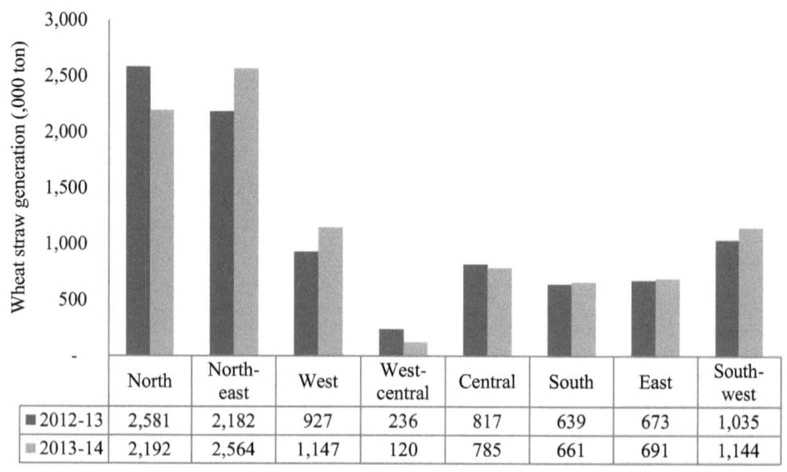

Rysunek 4.10. Roczne wytwarzanie słomy pszenicznej w Afganistanie.

4.2.7 Roczne wytwarzanie słomy ryżowej i łusek

Ryż posiada dwa rodzaje pozostałości: pozostałość polową (słoma ryżowa) i pozostałość po przetworzeniu (łuska ryżowa). W tym badaniu oba rodzaje pozostałości są liczone w celu oszacowania potencjału energetycznego. W Afganistanie północno-wschodnia część kraju (Bughlan, Kunduz, Takhar i Badakhshan) jest najbardziej produktywną strefą, a zachodnio-środkowa, środkowa, południowa i południowo-zachodnia są najmniej produktywnymi strefami słomy ryżowej i łuski.

Na podstawie wartości RPR, 0,2 dla łuski ryżu i 1,5 dla łodyg ryżu wykorzystuje się z sąsiedniego kraju - Indii (w latachJasvinder Singh & Gu, 2010) 2012-13 wyprodukowano 749 994 tony słomy ryżowej i 99 999 ton łuski ryżu, podczas gdy produkcja ryżu wyniosła 500 000 ton. W latach 2013-14 produkcja słomy ryżowej i łuski wzrosła odpowiednio do 768141 ton i 102 419 ton, podczas gdy produkcja ryżu wyniosła 512 094 ton.

W sumie, w latach 2012-13 do 2013-14 produkcja słomy ryżowej i łuski wzrosła o 2,4 procent, ale strefowa mądrość jest inna. Na rysunkach 4.11 i 4.12 widać, że pokolenie słomy ryżowej i łuski w północnym, zachodnim, zachodnio-centralnym, środkowym, południowym, wschodnim i zachodnim

Afganistanie uległo zmniejszeniu, ale w północno-wschodnim Afganistanie zostało zwiększone w latach 2012-13 do 2013-14.

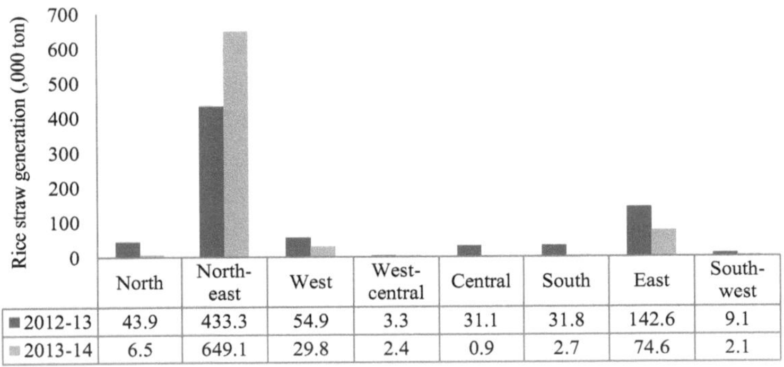

	North	North-east	West	West-central	Central	South	East	South-west
2012-13	43.9	433.3	54.9	3.3	31.1	31.8	142.6	9.1
2013-14	6.5	649.1	29.8	2.4	0.9	2.7	74.6	2.1

Rysunek 4.11. Roczne wytwarzanie słomy ryżowej w Afganistanie.

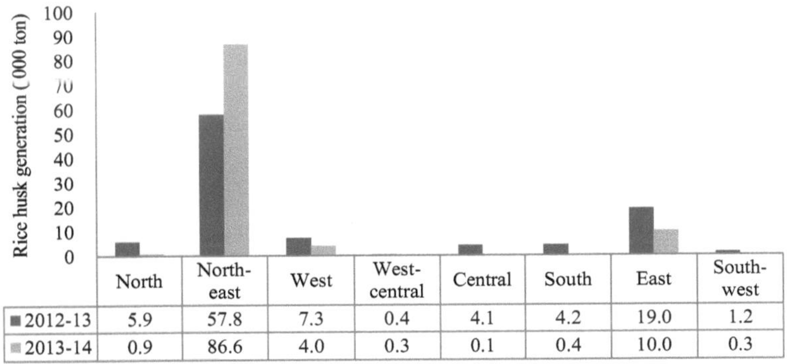

	North	North-east	West	West-central	Central	South	East	South-west
2012-13	5.9	57.8	7.3	0.4	4.1	4.2	19.0	1.2
2013-14	0.9	86.6	4.0	0.3	0.1	0.4	10.0	0.3

Rysunek 4.12. Roczne pokolenie łusek ryżowych w Afganistanie.

4.2.8 Roczne wytwarzanie słomy jęczmiennej

W Afganistanie, kiedy jęczmień jest zbierany, jest on młócony za pomocą maszyny młócącej, która oddziela ziarno od słomy, dzięki czemu cała reszta pozostaje na polu. Duża ilość słomy jęczmiennej wytwarzana jest w strefie północnej, a następnie południowo-zachodniej i północno-wschodniej.

W Afganistanie nie przeprowadzono wcześniej badania stosunku pozostałości do produktu (RPR) w odniesieniu do jęczmienia; dlatego też wytwarzanie pozostałości w tym badaniu jest szacowane na podstawie wartości RPR w sąsiednim kraju - Indiach, 1,3 (Jasvinder Singh & Gu, 2010).

W latach 2012-13 produkcja słomy jęczmiennej wyniosła 655 200 ton, a jęczmienia 504 000 ton. W latach 2013-14 produkcja słomy jęczmiennej wzrosła do 668.200 ton, podczas gdy produkcja jęczmienia wynosiła 514.000 ton. W latach 2012-13 do 2013-14 produkcja słomy jęczmiennej skumulowana wzrosła o 1,98%, a zmiana ta została pokazana na rysunku 4.13, który pokazuje 2,7% wzrost produkcji pozostałości jęczmienia na północy, północnym wschodzie, zachodzie, zachodnim centrum, południu i wschodzie oraz 7,5% redukcję w strefie centralnej Afganistanu.

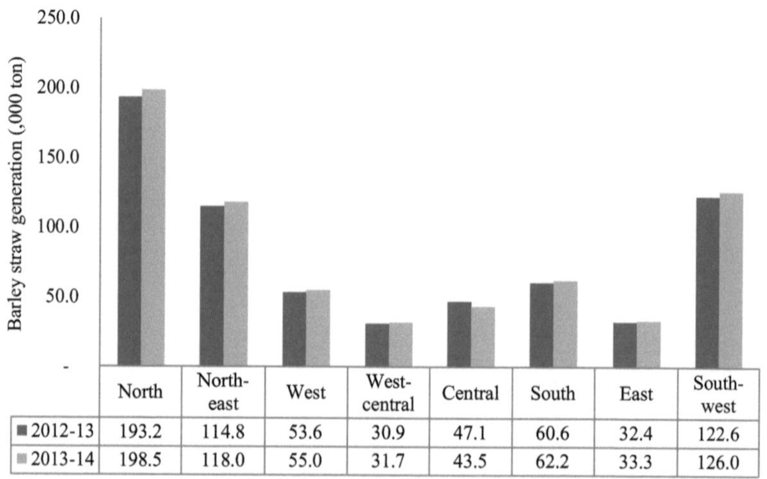

	North	North-east	West	West-central	Central	South	East	South-west
2012-13	193.2	114.8	53.6	30.9	47.1	60.6	32.4	122.6
2013-14	198.5	118.0	55.0	31.7	43.5	62.2	33.3	126.0

Rysunek 4.13. Roczne wytwarzanie słomy jęczmiennej w Afganistanie.

4.2.9 Roczne wytwarzanie szypułek i kolb kukurydzy

Kukurydza posiada dwa rodzaje pozostałości: pozostałość polową (łodygi kukurydzy) i pozostałość procesową (kolby kukurydzy). Kiedy kukurydza jest zbierana z łodyg, łodygi pozostają na polu, a kolby kukurydzy są wysyłane na rynek z kukurydzą. Trudno jest zebrać te kolby do produkcji energii, jeśli nie są one przetwarzane w fabryce. W każdym razie, badanie to uwzględnia zarówno łodygi kukurydzy, jak i kolby kukurydzy w celu oszacowania potencjału energetycznego pozostałości kukurydzy. Resztki kukurydzy powstają głównie w południowym i południowo-zachodnim Afganistanie, a najmniej wydajna strefa jest zachodnio-centralna.

Na podstawie wartości RPR, 0,3 dla kolb kukurydzy i 2 dla łodyg kukurydzy (w latachJasvinder Singh & Gu, 2010) 2012-13 wyprodukowano około 620 400 ton łodyg kukurydzy i 93 060 ton kolb kukurydzy, podczas gdy produkcja kukurydzy w tym roku wyniosła 310 000 ton. W latach 2013-14 produkcja łodyg kukurydzy i kolb kukurydzy wzrosła odpowiednio do 624.000 ton i 93.600 ton, ponieważ w tym roku produkcja kukurydzy wzrosła do 312.000 ton. Pokolenie łodyg i kolb kukurydzy zostało zwiększone o 0,6 procent w latach 2012-13 do 2013-14 w Afganistanie, ale nie we wszystkich strefach zostało ono zwiększone. Na północy, północnym wschodzie, zachodzie i wschodzie produkcja pozostałości kukurydzy zmniejszyła się, ale na zachodzie-środkowym, centralnym, południowym i południowo-zachodnim została zwiększona.

Na rysunkach 4.14 i 4.15 pokazano, że południe jest najwyższą strefą produkcji łodyg kukurydzy i kolb kukurydzy w kraju z udziałem 26,3%, a następnie 26,1% na południowym zachodzie, 14,6% w centrum, 14,3% na wschodzie, 8,0% na północy, 6,9% na północnym wschodzie, 2,8% na zachodzie i 1,0% w zachodnim środku w całkowitej produkcji pozostałości kukurydzy w Afganistanie w latach 2013-14.

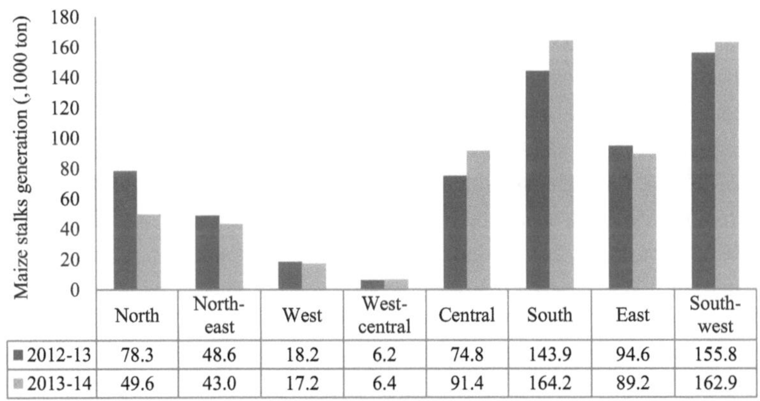

	North	North-east	West	West-central	Central	South	East	South-west
■ 2012-13	78.3	48.6	18.2	6.2	74.8	143.9	94.6	155.8
■ 2013-14	49.6	43.0	17.2	6.4	91.4	164.2	89.2	162.9

Rysunek 4.14: Roczne wytwarzanie łodyg kukurydzy w Afganistanie.

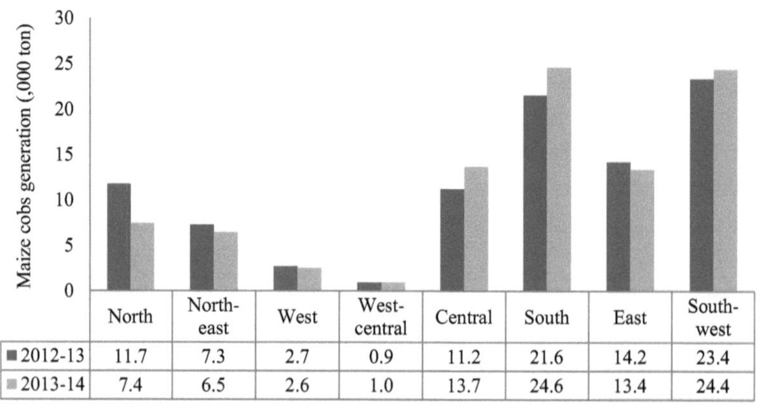

	North	North-east	West	West-central	Central	South	East	South-west
2012-13	11.7	7.3	2.7	0.9	11.2	21.6	14.2	23.4
2013-14	7.4	6.5	2.6	1.0	13.7	24.6	13.4	24.4

Rysunek 4.15: Roczne tworzenie kolb kukurydzy w Afganistanie.

4.2.10 Całkowita roczna ilość wytwarzanych resztek pożniwnych

W Afganistanie w latach 2012-13 i 2013-14 całkowita ilość pozostałości po produkcji (ryż pszenny, jęczmień i kukurydza) wyniosła około 11.308.200 ton i 11.560.983 ton, co oznacza wzrost o 2,2% w latach 2012-13 do 2013-14.

Produkcja słomy pszennej była najwyższa w porównaniu z pozostałymi resztkami pożniwnymi, miała 80,5 procentowy udział w całkowitej produkcji resztek pożniwnych w latach 2013-14. W latach 2012-13 i 2013-14 wyprodukowano pozostałości pszenicy w wysokości 9.090.000 ton i 9.304.623 ton, odpowiednio. Udział produkcji słomy ryżowej wyniósł 6,6 procent w całkowitej produkcji resztek pożniwnych w latach 2013-14, a jej produkcja wyniosła odpowiednio 750.000 ton i 768.141 ton w latach 2012-13 i 2013-14. Udział łuski ryżowej w całkowitym wytwarzaniu pozostałości wynosił 0,9 procent, w latach 2012-13 było to 100.000 ton, a w latach 2013-14 102.419 ton. Trzecią generatywną rośliną o wysokiej pozostałości była kukurydza. W latach 2012-13 i 2013-14 produkcja łodyg wynosiła odpowiednio 620.000 ton i 624.000 ton, z udziałem 5,4 procentowym w całkowitej produkcji pozostałości roślinnych w latach 2013-14. Kolby kukurydzy miały 0,8 procentowy udział w wytwarzaniu pozostałości, a ich ilość w latach 2012-13 wynosiła 93.000 ton, a w latach 2013-14 93.600 ton. W latach 2012-13 i 2013-14 produkcja słomy jęczmiennej wyniosła odpowiednio 655,2 tys. ton i 668,2 tys. ton. Udział słomy jęczmiennej wyniósł 5,8 procent w ogólnej produkcji roślinnej w latach 2013-14.

Na rysunku 4.16 pokazano całkowitą ilość pozostałości upraw w Afganistanie w latach 2012-13 i 2013-14. Wskazuje on, że wytwarzanie pozostałości pszenicy jest najwyższe w porównaniu z wytwarzaniem pozostałości ryżu, jęczmienia i kukurydzy.

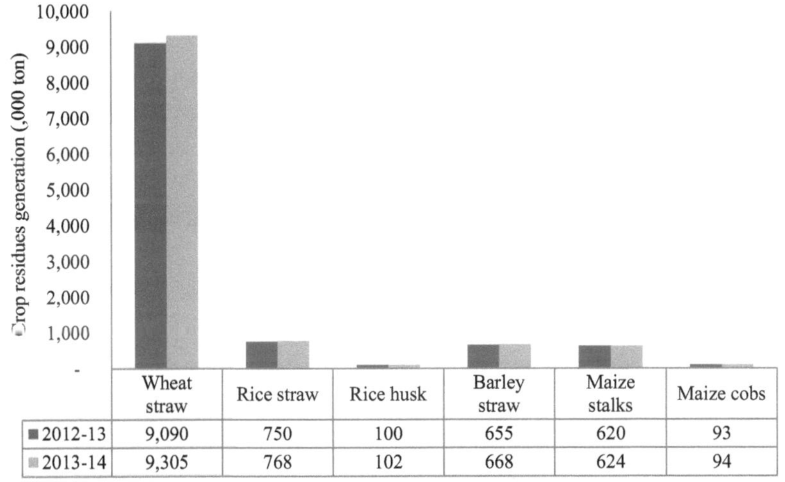

	Wheat straw	Rice straw	Rice husk	Barley straw	Maize stalks	Maize cobs
2012-13	9,090	750	100	655	620	93
2013-14	9,305	768	102	668	624	94

Rysunek 4.16. Całkowite roczne wytwarzanie pozostałości upraw w Afganistanie.

4.2.11 Czynniki zużycia energii i dostępności nadwyżek resztek pożniwnych

W celu oszacowania potencjału energetycznego resztek pożniwnych, ważna jest znajomość czynników zużycia energii i czynników dostępności nadwyżek resztek pożniwnych. Niemożliwe jest wykorzystanie całej teoretycznie wytworzonej pozostałości do wytwarzania energii, ponieważ istnieją inne sposoby wykorzystania tych roślin.

W Afganistanie słoma pszenna jest używana głównie do karmienia zwierząt i tynkowania dachów i ścian domów zbudowanych z błota, a niewielka jej część, która miesza się z glebą i innymi zanieczyszczeniami na polu, jest używana do gotowania w gospodarstwach domowych. Słoma ryżowa jest również używana do karmienia zwierząt i pakowania owoców, a część jest używana do gotowania, ale łuska ryżowa, która ma wysoką wartość opałową, jest całkowicie wykorzystywana do celów energetycznych. Słoma jęczmienna, która nie ma dobrego smaku, nie jest używana głównie do karmienia zwierząt, a większość z niej to nadwyżki. Pozostałości kukurydzy są również wykorzystywane jako karma dla zwierząt i paliwo do gotowania. W badaniu tym oszacowano potencjał energetyczny na podstawie zużycia energii i nadwyżek resztek pożniwnych w Afganistanie.

Tabela 4.2 przedstawia współczynniki wykorzystania energii i współczynniki dostępności nadwyżek dla słomy pszennej, słomy ryżowej, łuski ryżu, słomy jęczmiennej, łodyg kukurydzy i kolb kukurydzy. Czynniki zużycia energii w odniesieniu do pozostałości z upraw są zgłaszane przez FAOSTAT (2012 r.) w przypadku Afganistanu, ale w odniesieniu do czynników dostępności nadwyżki nie przeprowadzono żadnego badania w przypadku Afganistanu; w związku z tym przyjęto, że czynniki te dotyczą krajów południowoazjatyckich, tj. Pakistanu, Indii, Bangladeszu, Nepalu i Sri Lanki, w których na wczesnym etapie występuje takie samo zużycie pozostałości z upraw.

Tabela 4.2: Zużycie energii i współczynniki dostępności nadwyżek resztek roślinnych

Pozostałości po uprawach	Współczynnik wykorzystania energii (EUF)*	Współczynnik dostępności nadwyżki (SAF)**
Słoma pszenna	0.11	0.2
Słoma ryżowa	0.13	0.835
Łuska ryżowa	1a	0a
Słoma jęczmienna	0.11	0.8
Łodygi kukurydzy	0.2	0.758
Kolby kukurydzy	1a	0a

(*Źródło: FAOSTAT, 2012)
{Y:i}Source: **(Rahman & Paatero, 2012) oraz (Jagtar Singh, Panesar, & Sharma, 2008)([a]Based on farmers information)}

4.2.12 Proksymalna analiza pozostałości po uprawach

Pszenica, ryż, jęczmień i kukurydza to główne uprawy uprawiane w Afganistanie. Wraz z oszacowaniem ich wytwarzania pozostałości i potencjału energetycznego konieczne jest określenie zawartości wilgoci, lotnych substancji stałych, zawartości popiołu i węgla stałego w tych pozostałościach roślinnych w celu dalszego zbadania ich wykorzystania i zastosowania.

Podczas zbierania danych w listopadzie 2014 r. z pola pobrano próbki słomy pszenicy, słomy ryżowej, słomy jęczmiennej i łodyg kukurydzy, a pod koniec listopada 2014 r. w laboratorium Asian Institute of Technology, Energy próbki te zostały przebadane pod względem składu wilgoci, lotności, popiołu i stałej zawartości węgla. Test wykonano za pomocą analizatora termograwimetrycznego (TGA701). W słomie pszennej zawartość wilgoci wynosiła 8,55 procent, w słomie ryżowej 9,78 procent, w słomie jęczmiennej 9,31 procent, w łodygach kukurydzy 9,61 procent, a w słomie pszennej 62,2 procent, w słomie ryżowej 61,76 procent, w słomie jęczmiennej 68,04 procent, a w łodygach kukurydzy 66,69 procent. Zawartość popiołu w wyniku testu wynosiła 16,47 procent dla słomy pszennej, 17,37 procent dla słomy ryżowej, 9,07 procent dla słomy jęczmiennej i 10,13 procent dla łodyg kukurydzy. Procentowy udział węgla stałego w próbkach wynosił 12,78 procent w słomie pszenicy, 11,09 procent w słomie ryżowej, 13,58 procent w słomie jęczmiennej i 13,57 procent w łodygach kukurydzy. Zawartość wilgoci, zawartość lotnych substancji stałych, popiołu i węgla stałego w łupinach ryżu i kolbach kukurydzy są opisane w literaturze.

Na rysunku 4.17. pokazano, że we wszystkich pozostałościach pożniwnych, lotne substancje stałe mają wysoki udział procentowy w porównaniu z wilgotnością, popiołem i węglem stałym, a ponieważ pozostałości te pozostają przez pewien czas pod słońcem na polu po młóceniu roślin, ich wilgotność jest niska.

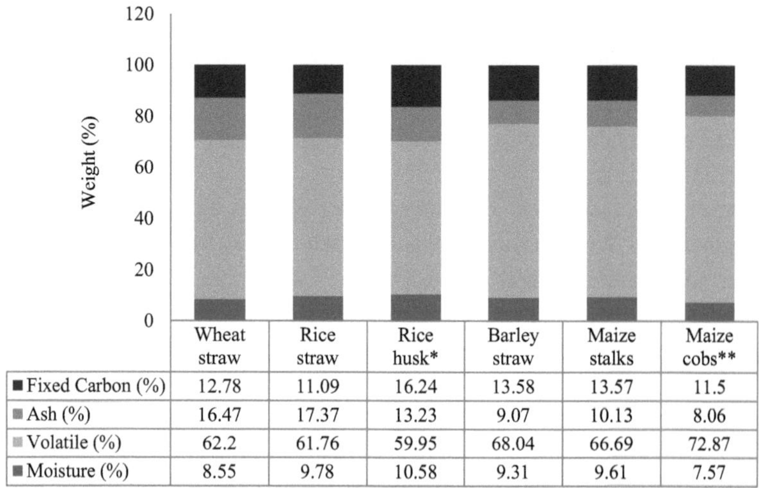

	Wheat straw	Rice straw	Rice husk*	Barley straw	Maize stalks	Maize cobs**
■ Fixed Carbon (%)	12.78	11.09	16.24	13.58	13.57	11.5
■ Ash (%)	16.47	17.37	13.23	9.07	10.13	8.06
■ Volatile (%)	62.2	61.76	59.95	68.04	66.69	72.87
■ Moisture (%)	8.55	9.78	10.58	9.31	9.61	7.57

Rysunek 4.17: Proksymalna analiza pozostałości upraw. {Źródło: (wynik doświadczalny z próbek pozostałości z upraw, zebranych z pola w 2014 r.); * (Duan, Chyang, Chin, & Tso, 2013); ** ()}Ioannidou et al., 2009)

Uwaga: W kolbach kukurydzy, FC% jest pobierany z litratury (Saidur et al., 2011), a jego VS% jest obliczane na podstawie całkowitego procentu mieszanki.

4.2.13 Ostateczna analiza pozostałości roślin uprawnych

Ostateczna analiza pozostałości roślinnych określa ich skład pierwiastkowy, taki jak procent wagowy węgla (C), wodoru (H), azotu (N) i tlenu (O). Ta cecha biomasy jest pomocna przy ich ocenie i zastosowaniu w propozycjach energetycznych; na przykład przy projektowaniu pieca lub kotła na specjalny rodzaj pozostałości roślinnych lub przy wyborze jakiegoś rodzaju pozostałości roślinnych na specjalny rodzaj pieca.

Próbki biomasy, zebrane z pola podczas zbierania danych do tego badania w listopadzie 2014 r., zostały przetestowane w TISTR (Thailand Institute of Science and Technological Research) w grudniu 2014 r. w celu określenia składu pierwiastkowego słomy pszennej, słomy ryżowej, słomy jęczmiennej i łodyg kukurydzy. Wynik testu wykazał, że procent masy węgla pierwiastkowego (C) wynosi 37,71 procent w słomie pszenicy, 41,4 procent w słomie ryżu, 38,17 procent w słomie jęczmienia i 38,91 procent w łodygach kukurydzy. Udział procentowy wodoru (H) wynosił 6,07 procent w słomie pszenicy, 5,0 procent w słomie ryżowej, 6,37 procent w słomie jęczmiennej i 6,18 procent w łodygach kukurydzy. Podobnie procentowa zawartość azotu (N) wynosiła 0,19 procent w słomie pszenicy, 0,7 procent w słomie ryżowej, 0,58 procent w słomie jęczmiennej i 0,19 procent w łodygach kukurydzy. Zawartość tlenu jest obliczana na podstawie bilansu węgla (C), wodoru (H), azotu (N) i zawartości popiołu w próbkach; na tej podstawie zawartość tlenu (O) wynosiła 39,56 procent w słomie pszenicy, 35,53 procent w słomie ryżu, 45,81 procent w słomie jęczmienia i 44,59 procent w łodygach kukurydzy. Skład pierwiastkowy kolb łuski ryżu i kukurydzy jest podany w literaturze.

Na rysunku 4.18 przedstawiono procentową zawartość wagową węgla (C), wodoru (H), azotu (N), tlenu (O) i popiołu w pozostałościach po pszenicy, ryżu, jęczmieniu i kukurydzy.

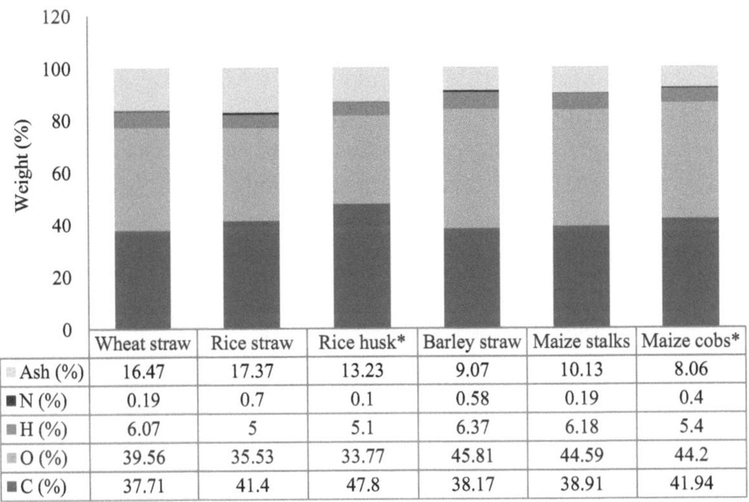

	Wheat straw	Rice straw	Rice husk*	Barley straw	Maize stalks	Maize cobs*
Ash (%)	16.47	17.37	13.23	9.07	10.13	8.06
N (%)	0.19	0.7	0.1	0.58	0.19	0.4
H (%)	6.07	5	5.1	6.37	6.18	5.4
O (%)	39.56	35.53	33.77	45.81	44.59	44.2
C (%)	37.71	41.4	47.8	38.17	38.91	41.94

Rysunek 4.18: Ostateczna analiza pozostałości po uprawach. {Źródło: (wynik doświadczalny z próbek pozostałości z upraw, zebranych z pola w 2014 r.); * (Saidur et al., 2011)}

Uwaga: Ash% jest pobierany z analizy przybliżonej. W kolbach kukurydzy, C% jest obliczane na podstawie całkowitej wartości procentowej.

4.2.14 Wyższe wartości opałowe i niższe wartości opałowe resztek pożniwnych

Wartość opałowa biomasy jest ujmowana w dwóch kategoriach, jednym jest wyższa wartość opałowa (HHV) biomasy, a drugim niższa wartość opałowa (LHV) biomasy.

Próbki biomasy zebrane w Afganistanie podczas zbierania danych w listopadzie 2014 r. zostały przebadane w celu określenia wyższej wartości opałowej (HHV) w laboratorium Asian Institute of Technology, Energy. W końcu listopada 2014 r. do analizy użyto automatycznego kalorymetru bombowego LECO (AC-500). Wynik testu wykazał, że wyższa wartość opałowa (HHV) wynosi 15,08 MJ na kg dla słomy pszennej, 13,90 MJ na kg dla słomy ryżowej, 15,36 MJ na kg dla słomy jęczmiennej i 14,57 MJ na kg dla łodyg kukurydzy. Niższą wartość opałową dla pozostałości roślinnych oznaczono na podstawie wyższej wartości opałowej (HHV) i procentu wagowego wodoru (H) w próbce za pomocą równania 2.20. Wynik obliczeń dolnej wartości opałowej (LHV) wyniósł 13,76 MJ na kg słomy pszennej, 12,81 MJ na kg słomy ryżowej, 13,97 MJ na kg słomy jęczmiennej i 13,22 MJ na kg łodyg kukurydzy, co podsumowano na rysunku 4.19. Wyższa wartość opałowa (HHV) i niższa wartość opałowa (LHV) łuski ryżu i kolb kukurydzy są zgłaszane z literatury.
W niniejszym opracowaniu niższe wartości opałowe (LHV) są wykorzystywane do oszacowania energetycznego biomasy, które są również nazywane wartościami opałowymi biomasy.

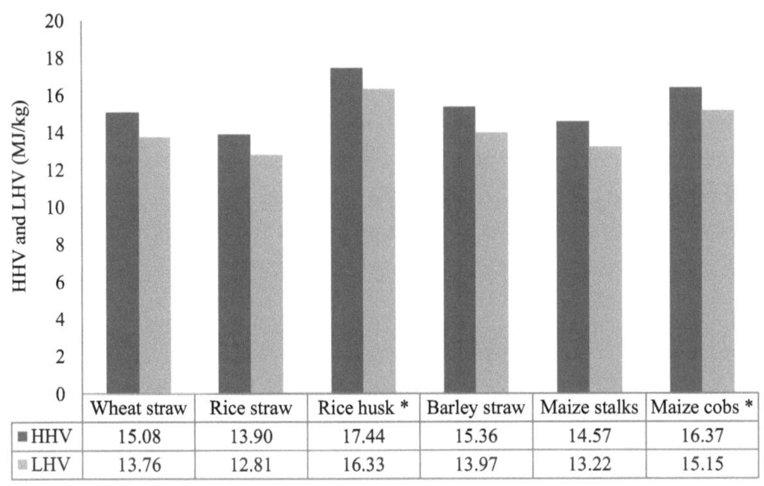

	Wheat straw	Rice straw	Rice husk *	Barley straw	Maize stalks	Maize cobs *
■ HHV	15.08	13.90	17.44	15.36	14.57	16.37
■ LHV	13.76	12.81	16.33	13.97	13.22	15.15

Rysunek 4.19: Wyższe wartości opałowe i niższe wartości opałowe resztek pożniwnych.
{\il}Źródło: (Wyniki doświadczalne próbek pozostałości z upraw, pobranych z pola w 2014 r.); (*Saidur)

4.2.15 Roczny potencjał energetyczny słomy pszennej

Potencjał energetyczny słomy pszennej szacowany jest na podstawie rocznej ilości wytwarzanych pozostałości pszenicy, wartości opałowej słomy pszennej i jej zużycia energii oraz współczynników dostępności nadwyżek, które zilustrowano na poprzednich stronach.

Szacowany potencjał energetyczny słomy pszennej wynosi około 57,8 proc. całkowitego szacowanego potencjału energetycznego resztek pożniwnych w latach 2012-13 i 2013-14, co jest najwyższym z nich. Północna i północno-wschodnia strefa Afganistanu ma największy potencjał energetyczny słomy pszennej, a zachodnia strefa kraju ma najmniejszy potencjał energetyczny słomy pszennej spośród ośmiu stref Afganistanu. Potencjał energetyczny słomy pszenicznej wynosił około 38.768 TJ w latach 2012-13, wzrósł do 39.683 TJ w latach 2013-14, ponieważ produkcja pszenicy w latach 2013-14 była większa niż produkcja pszenicy w latach 2012-13.

Na rysunku 4.20. przedstawiono potencjał energetyczny słomy pszennej w ośmiu strefach Afganistanu. Całkowity potencjał energetyczny słomy pszenicznej został zwiększony o 2,4 proc. w latach 2012-13 do 2013-14, a w strefach mądrych wzrósł o 17,5 proc. na północnym wschodzie, 23,7 proc. na zachodzie, 3,5 proc. na południu, 2,6 proc. na wschodzie i 10,5 proc. na południowym zachodzie. Zmniejszyła się ona jednak o 15,1 proc. na północy, 48,9 proc. na zachodzie i 3,9 proc. w centralnej strefie Afganistanu.

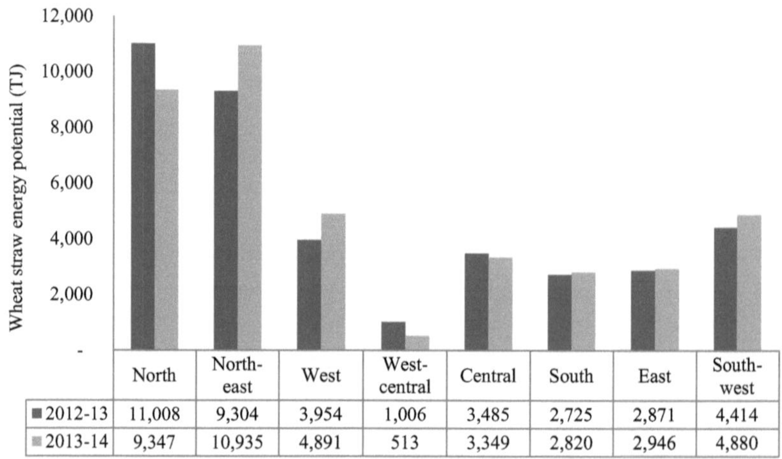

	North	North-east	West	West-central	Central	South	East	South-west
2012-13	11,008	9,304	3,954	1,006	3,485	2,725	2,871	4,414
2013-14	9,347	10,935	4,891	513	3,349	2,820	2,946	4,880

Rysunek 4.20. Roczny potencjał energetyczny słomy pszenicznej w Afganistanie.

4.2.16 Roczny potencjał energetyczny słomy ryżowej i łusek

Potencjał energetyczny słomy i łuski ryżowej został oszacowany na podstawie rocznej ilości wytwarzanych pozostałości ryżu, jego wartości opałowej, współczynnika wykorzystania energii i współczynnika dostępności nadwyżek, omówionych na poprzednich stronach niniejszego opracowania.

Oszacowanie wykazało, że potencjał energetyczny słomy ryżowej i łuski zajmuje drugie miejsce po potencjale energetycznym słomy pszennej. W całkowitym potencjale energetycznym resztek pożniwnych udział słomy ryżowej i potencjału energetycznego łuski ryżowej wynosił 13,8 procent i

2,4 procent odpowiednio w latach 2012-13 i 2013-14. Północno-wschodnia strefa jest najbardziej produktywną strefą energii słomy ryżowej i łuski, ponad połowa szacowanej energii słomy ryżowej i łuski pochodzi z tej strefy. Potencjał energetyczny słomy ryżowej i łuski ryżowej wynosił odpowiednio około 9 271 TJ i 1 633 TJ, podczas gdy w latach 2012-13 produkcja słomy ryżowej wynosiła 749 999 ton, a łuski ryżowej 99 999 ton. W latach 2013-2014 wzrosła ona odpowiednio do 9 495,5 TJ i 1 672,5 TJ, natomiast pokolenie słomy ryżowej i łuski ryżowej wyniosło odpowiednio 768 141 ton i 102 419 ton.

Na rysunkach 4.21 i 4.22 przedstawiono potencjał energetyczny słomy ryżowej i łuski ryżowej, odpowiednio w ośmiu strefach Afganistanu. W latach 2012-13 do 2013-14 potencjał energetyczny słomy ryżowej i łuski zwiększył się w Afganistanie o 2,4%, a w najbardziej produktywnej strefie ryżowej na północnym wschodzie zwiększył się o 50%, a na północy spadł o 85%, 46% na zachodzie, 27% w centrum zachodnim, 97% w centrum, 92% na południu, 48% na wschodzie i 77% w południowo-zachodniej strefie Afganistanu.

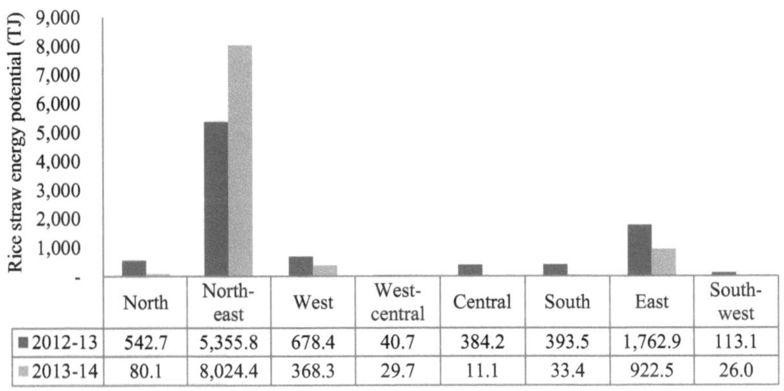

	North	North-east	West	West-central	Central	South	East	South-west
2012-13	542.7	5,355.8	678.4	40.7	384.2	393.5	1,762.9	113.1
2013-14	80.1	8,024.4	368.3	29.7	11.1	33.4	922.5	26.0

Rysunek 4.21. Roczny potencjał energetyczny słomy ryżowej w Afganistanie.

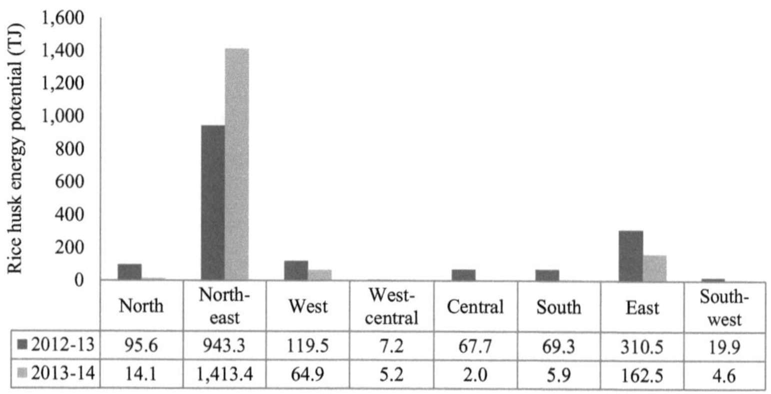

	North	North-east	West	West-central	Central	South	East	South-west
2012-13	95.6	943.3	119.5	7.2	67.7	69.3	310.5	19.9
2013-14	14.1	1,413.4	64.9	5.2	2.0	5.9	162.5	4.6

Rysunek 4.22. Roczny potencjał energetyczny łuski ryżu w Afganistanie.

4.2.17 Roczny potencjał energetyczny słomy jęczmiennej

Potencjał energetyczny słomy jęczmiennej został oszacowany na podstawie rocznej produkcji słomy jęczmiennej w latach 2012-13 i 2013-14, jej wartości opałowej, współczynnika wykorzystania energii oraz współczynnika dostępności nadwyżek.

Odsetek potencjału energetycznego słomy jęczmiennej w latach 2012-13 i 2013-14 wynosił około 12,4 procent całkowitego potencjału energetycznego resztek pożniwnych. Zajmuje czwarte miejsce w całkowitym potencjale energetycznym po pszenicy, ryżu i kukurydzy. Północna strefa Afganistanu ma największy potencjał energetyczny słomy jęczmiennej, następnie południowo-zachodnia i północno-wschodnia, podczas gdy inne strefy, takie jak południowa, zachodnia, środkowa, wschodnia i zachodnia środkowa mają najmniejszy potencjał energetyczny pozostałości jęczmienia. Szacowana energia słomy jęczmiennej w latach 2012-13 wyniosła 8,332 TJ, natomiast wytwarzanie resztek jęczmienia 655,200 ton, a w latach 2013-14 wzrosła do 8,497 TJ, natomiast wytwarzanie resztek jęczmienia 668,200 ton.

Rysunek 4.23 pokazuje, że potencjał energetyczny słomy jęczmiennej wzrósł o 1,98 proc. w latach 2012-13 do 2013-14 w Afganistanie, ale strefowo. Na rysunku 4.23. widać 2,7% wzrost w strefie północnej, północno-wschodniej, zachodniej, zachodnio-centralnej, południowej, wschodniej i południowo-zachodniej oraz 7,5% spadek w strefie centralnej kraju.

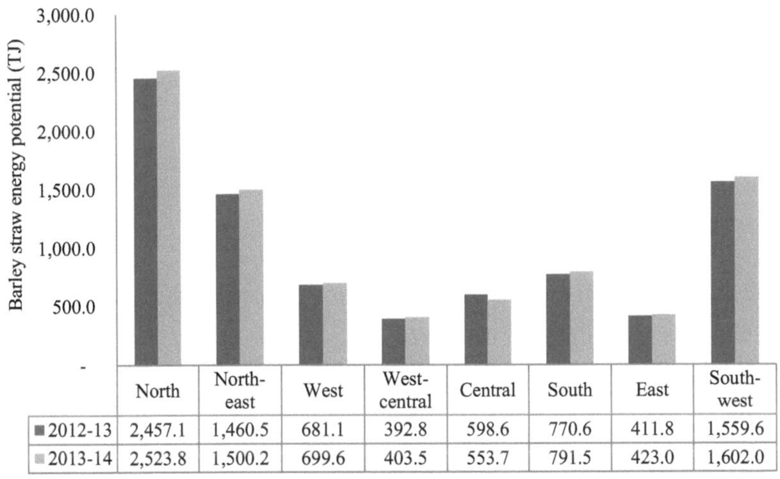

	North	North-east	West	West-central	Central	South	East	South-west
2012-13	2,457.1	1,460.5	681.1	392.8	598.6	770.6	411.8	1,559.6
2013-14	2,523.8	1,500.2	699.6	403.5	553.7	791.5	423.0	1,602.0

Rysunek 4.23. Roczny potencjał energetyczny słomy jęczmiennej w Afganistanie.

4.2.18 Roczny potencjał energetyczny łodyg i kolb kukurydzy

Potencjał energetyczny łodyg kukurydzy i kolb kukurydzy oszacowano na podstawie omówionych na poprzednich stronach rocznych wskaźników wytwarzania pozostałości kukurydzy, jej wartości opałowej, zużycia energii i dostępności nadwyżek.

Udział łodyg kukurydzy i potencjału energetycznego kolb kukurydzy wynosił odpowiednio 11,5 proc. i 2,1 proc. w całkowitym potencjale energetycznym pozostałości upraw w Afganistanie w latach 2012-13 i 2013-14. Potencjał energetyczny łodyg i kolb kukurydzy to trzeci, po pozostałościach pszenicy i pozostałościach ryżu, wysoki potencjał energetyczny. Południe (Paktya, Paktika, Khost i Ghazni) i południowy zachód (Kandahar, Helmand, Zabul, Nimroz, Urozgan i Daikunde) mają największy potencjał energetyczny łodyg kukurydzy i kolb, a następnie wschód i środek. Pozostałe strefy (północna, północno-wschodnia, zachodnia i zachodnia środkowa) mają najmniejszy potencjał energetyczny pozostałości kukurydzy. Potencjał energetyczny łodyg kukurydzy i kolb kukurydzy wyniósł w latach 2012-13 odpowiednio 7.874 TJ i 1.410 TJ, podczas gdy generacja łodyg kukurydzy wyniosła 620.400 ton, a generacja kolb kukurydzy 93.060 ton. W latach 2013-14 potencjał energetyczny łodyg kukurydzy i kolb kukurydzy wzrósł odpowiednio do 7.919 TJ i 1.418 TJ, ponieważ produkcja łodyg kukurydzy i kolb kukurydzy została zwiększona odpowiednio do 624.000 ton i 93.600 ton.

Rysunki 4.24 i 4.25 pokazują potencjał energetyczny łodyg kukurydzy i kolb kukurydzy, odpowiednio w ośmiu strefach Afganistanu. Jednak potencjał energetyczny łodyg kukurydzy i kolb wzrósł w latach 2012-13 do 2013-14 o 0,57 proc., natomiast potencjał energetyczny stref zwiększył się o 4 proc. na zachodzie i centrum, 22 proc. na środku, 14 proc. na południu i 5 proc. na południowym zachodzie. Zmniejszyła się ona o 37 procent na północy, 11 procent na północnym wschodzie, 6 procent na zachodzie i 6 procent na wschodzie Afganistanu.

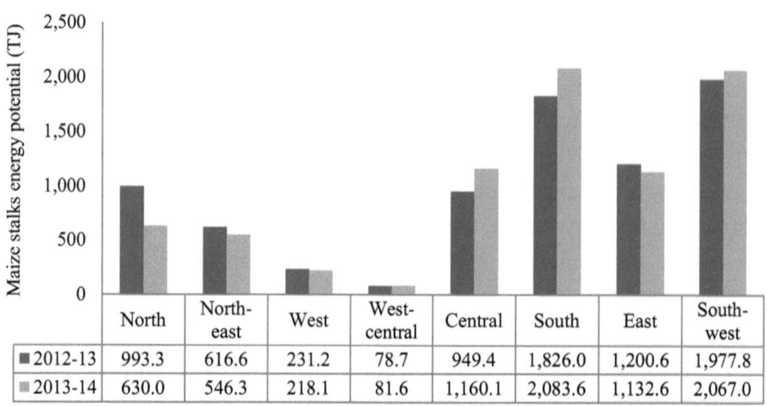

	North	North-east	West	West-central	Central	South	East	South-west
2012-13	993.3	616.6	231.2	78.7	949.4	1,826.0	1,200.6	1,977.8
2013-14	630.0	546.3	218.1	81.6	1,160.1	2,083.6	1,132.6	2,067.0

Rysunek 4.24: Roczny potencjał energetyczny łodyg kukurydzy w Afganistanie.

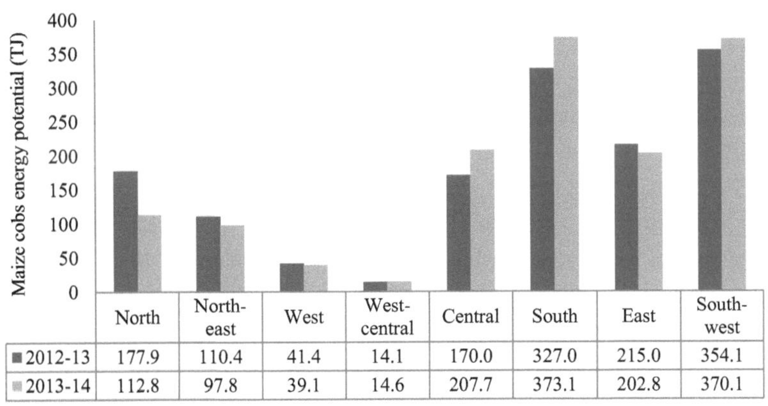

	North	North-east	West	West-central	Central	South	East	South-west
2012-13	177.9	110.4	41.4	14.1	170.0	327.0	215.0	354.1
2013-14	112.8	97.8	39.1	14.6	207.7	373.1	202.8	370.1

Rysunek 4.25. Roczny potencjał energetyczny kolb kukurydzy w Afganistanie.

4.2.19 Całkowity roczny potencjał energetyczny resztek pożniwnych

Całkowity szacowany potencjał energetyczny resztek pożniwnych wyniósł około 67 287 TJ w latach 2012-13 i około 68 686 TJ w latach 2013-14, co oznacza wzrost o 2,1% w latach 2012-13 do 2013-14. W tym potencjale energetycznym udział resztek pszenicy był najwyższy (57,8 procent), w porównaniu z potencjałem energetycznym ryżu, ledwie i resztek kukurydzy. Potencjał energetyczny pozostałości pszenicy wynosił 38,768 TJ i 39,683 TJ odpowiednio w latach 2012-13 i 2013-14, wykazując wzrost o 2,4 procent w stosunku do lat 2012-13. Udział słomy ryżowej wyniósł 13,8 proc., jej potencjał energetyczny w latach 2012-13 wyniósł 9 271 TJ, a w latach 2013-14 9 495 TJ, co oznacza wzrost o 2,4 proc. w porównaniu z rokiem 2012-13. Potencjał energetyczny łuski ryżu wynosił 1.633 TJ w latach 2012-13 i 1.672 TJ w latach 2013-14 z udziałem 2,4 proc. w całkowitym potencjale energetycznym pozostałości roślinnych. Potencjał energetyczny słomy jęczmiennej miał w latach 2013-14 udział 12,4 procent w całkowitym potencjale energetycznym resztek pożniwnych. Szacowany potencjał energetyczny słomy jęczmiennej wynosił 8.332 TJ w latach 2012-13 i 8.497 TJ w latach 2013-14. Oznacza to wzrost o 1,98 procent w latach 2012-13 do 2013-14. Udział łodyg kukurydzy i potencjału energetycznego kolb kukurydzy wyniósł odpowiednio około 11,5 procent i 2,1 procent w całkowitym potencjale energetycznym resztek roślinnych w latach 2013-14.

Potencjał energetyczny łodyg kukurydzy wynosił około 7.874 TJ w latach 2012-13 i 7.919 TJ w latach 2013-14. Potencjał energetyczny kolb kukurydzy wyniósł 1.410 TJ i 1.418 TJ odpowiednio w latach 2012-13 i 2013-14. Wzrost potencjału energetycznego łodyg i kolb kukurydzy w latach 2012-13 do 2013-14 wyniósł około 0,57 procent.

Na rysunku 4.26 pokazano całkowity roczny potencjał energetyczny pozostałości roślin uprawnych w Afganistanie w latach 2012-13 i 2013-14. Co pokazuje, że potencjał energetyczny pozostałości pszenicy jest najwyższy w porównaniu z potencjałem energetycznym słomy ryżowej, łuski ryżu, ledwie słomy, łodyg kukurydzy i kolb kukurydzy.

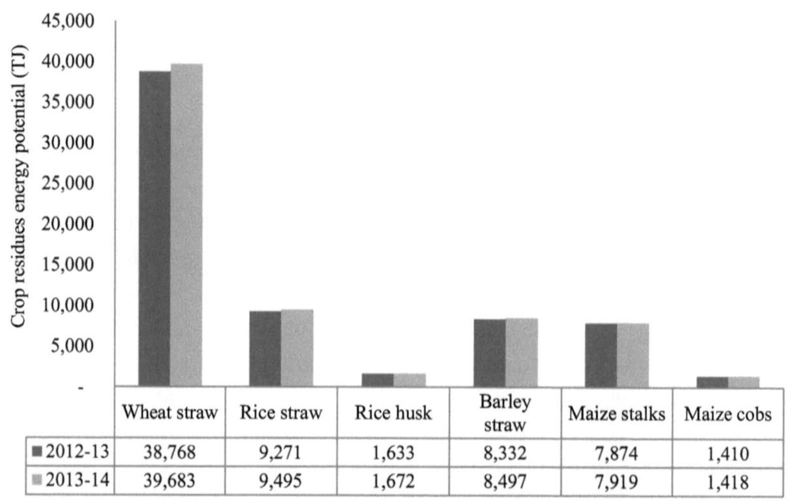

	Wheat straw	Rice straw	Rice husk	Barley straw	Maize stalks	Maize cobs
2012-13	38,768	9,271	1,633	8,332	7,874	1,410
2013-14	39,683	9,495	1,672	8,497	7,919	1,418

Rysunek 4.26. Całkowity roczny potencjał energetyczny pozostałości upraw w Afganistanie.

4.3 Roczny potencjał energetyczny obornika zwierzęcego

W tej części opisano pogłowie bydła, jego masę suchą nadającą się do odzysku, potencjał biogazu w oborniku bydlęcym oraz potencjał energetyczny biogazu w ośmiu strefach Afganistanu w latach 2012-13 i 2013-14. Do analizy stosuje się metodę szacowania-1 opisaną w sekcji 2.4.2.

W Afganistanie ważnymi zwierzętami są bydło, owce, kozy, kury, konie, oceny, muły i wielbłądy. W tym badaniu do oszacowania potencjału biogazu i energii brany jest pod uwagę tylko obornik bydlęcy, ponieważ nie jest możliwe zebranie obornika innych zwierząt do celów wytwarzania energii. Owce, kozy i wielbłądy są trzymane przez koczowników, którzy nazywają się "Kochyan", od czasu do czasu zmieniają miejsce zamieszkania, a inne zwierzęta, takie jak, oceny i konie są wykorzystywane do transportu w lokalnych bazarach, a ich obornik jest gubiony w ciągu dnia.

4.3.1 Populacja bydła

W Afganistanie grupy bydła trzymane są w formach mlecznych, jak również w gospodarstwach domowych do produkcji mleka, dzięki czemu łatwo jest zebrać codzienny obornik wyprodukowany z bydła do produkcji biogazu. W latach 2012-13 całkowita populacja bydła w Afganistanie wynosiła 5 244 000 sztuk, a w latach 2013-14 została zmniejszona do 5 235 000 sztuk (GUS, 2013-14).

Strefa północno-wschodnia kraju jest najbardziej zaludnioną strefą hodowli bydła. Na rysunku 4.27. widać, że około 24 procent całego pogłowia bydła skupione jest w tej strefie, następnie 18 procent na wschodzie, 15 procent na południowym zachodzie, 12 procent w centrum, 11 procent na południu, 8 procent na północy i zachodzie oraz 3 procent na zachodzie w centrum.

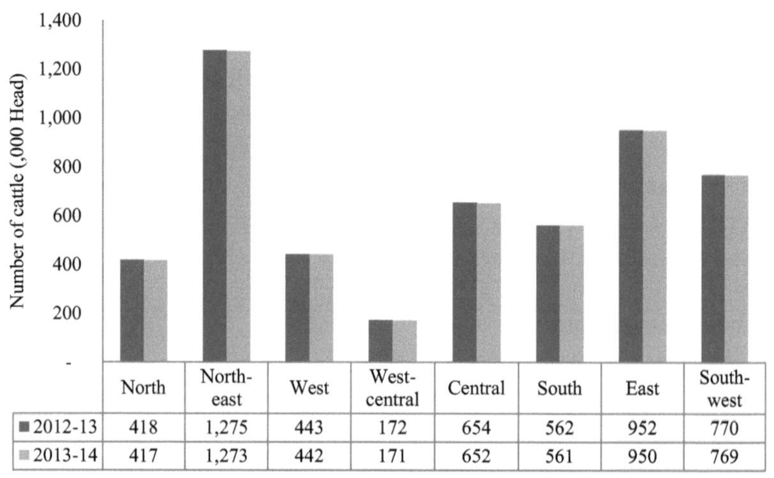

Rysunek 4.27. Populacja bydła w Afganistanie.
(Źródło: GUS, 2013-14)

4.3.2 Parametry obornika bydlęcego

W celu oszacowania potencjału biogazu w oborniku bydlęcym i potencjału energetycznego biogazu należy znaleźć różne cechy charakterystyczne obornika bydlęcego, takie jak produkcja świeżego obornika na sztukę na dzień, odzyskiwalna frakcja świeżego obornika, frakcja suchej masy, frakcja substancji stałych lotnych, wydajność biogazu i wartość opałowa biogazu. Do określenia tych parametrów wybrano mleczarnię w prowincji Kandahar w Afganistanie podczas zbierania danych w listopadzie 2014 roku. W mleczarni były 22 krowy i 2 woły. Obornik bydlęcy zbierano dwa razy dziennie, mierzono obornik świeży tego bydła i pobierano jego próbkę w celu określenia parametrów obornika bydlęcego. Pomiary terenowe wykazały, że średnia dzienna produkcja świeżej gnojowicy bydlęcej w przeliczeniu na jedną sztukę wynosi 19 kg, a jej część odzyskiwalna stanowi 80 % całkowitej produkcji odchodów bydlęcych. Odzyskiwalna część jest tak wysoka w porównaniu z innymi krajami, ponieważ w Afganistanie nie ma pastwisk do karmienia krów, więc są one zawsze uprawiane na wybranych małych obszarach. Z drugiej strony, obornik bydlęcy ma wartość energetyczną i nawozową w Afganistanie, a miejsca postoju krów są w większości miejsc pokryte cegłą, co pozwala na zebranie maksymalnej ilości obornika bydlęcego. Dla porównania, wydajność zbierania odchodów bydlęcych wynosi 50 % w Sri Lance (Perera et al., 2005); 60 % w Indiach (Ravindranath et al., 2005) i 80 % w Tajlandii (Sajjakulnukit et al., 2005). Udział suchej masy wynikający z testu polowego wynosi 23,7 %. Następnie na podstawie analizy procentu lotnych ciał stałych (52%) wyznaczono wartość procentową próbki w polu energetycznym badanego laboratorium z analizatorem termograwimetrycznym (TGA701) w AIT. Pozostałe parametry są uwzględnione w poprzednich badaniach dotyczących potencjału energetycznego biomasy w innych krajach, takie jak wydajność biogazu 0,2 ^{m3} na kg substancji stałych lotnych oraz wartość opałowa 20 MJ na ^{m3} biogazu, przedstawione w tabeli 4.3 (Perera et al., 2005).

Tabela 4.3: Parametry obornika bydlęcego

Parametry	Wartość
Wytwarzanie świeżego obornika (kg główka-1 dzień-1)	19
Frakcja odzyskiwalna	0.8
Proporcja suchej masy (%)	23.7
Frakcja lotnej substancji stałej (kg VS kg-1 DM)	0.52
Wydajność biogazu (^{m3} kg-1 VS) *	0.2
Wartość opałowa biogazu (MJ m-3) *	20

{Y:i}Source: (Pomiary i eksperymenty w terenie, 2014); * (Perera i in., 2005)}

4.3.3 Roczna sucha masa odzyskiwana z odchodów bydła

Na podstawie parametrów obornika bydlęcego opisanych w tabeli 4.3 oszacowano ilość suchej masy odzyskiwanej z rocznego obornika bydlęcego. Całkowita ilość odzyskiwanej suchej masy wyniosła 6 895 210 ton i 6 883 376 ton odpowiednio w latach 2012-13 i 2013-14. Ponieważ większość pogłowia bydła skupiona jest w północno-wschodniej, wschodniej i południowo-wschodniej części Afganistanu, w tych strefach znajduje się również duże skupisko suchej masy, którą można odzyskać. Oszacowana ilość odzyskiwanej suchej masy jest wykorzystywana jako nawóz dla upraw oraz paliwo do gotowania i ogrzewania pomieszczeń. Nie ma żadnych badań i danych dotyczących Afganistanu, które wykazałyby frakcję obornika bydlęcego używanego jako nawóz i do celów energetycznych. Ciastka z gnojowicą bydlęcą są suszone na słońcu, przed użyciem jako paliwo.

Na rysunku 4.28 przedstawiono roczną ilość suchej masy odzyskiwanej z odchodów bydła w Afganistanie.

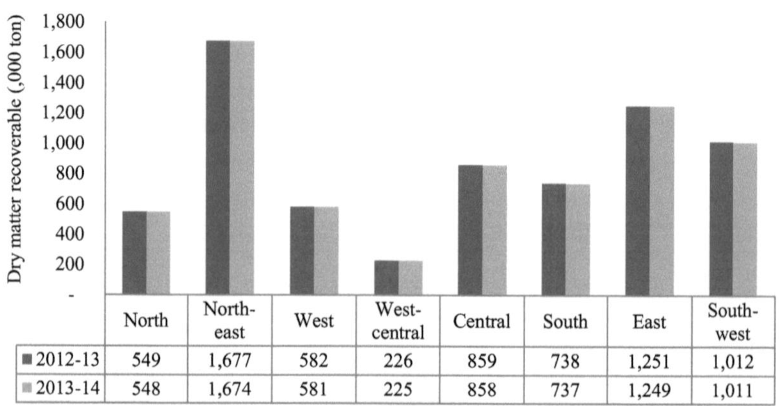

	North	North-east	West	West-central	Central	South	East	South-west
■ 2012-13	549	1,677	582	226	859	738	1,251	1,012
■ 2013-14	548	1,674	581	225	858	737	1,249	1,011

Rysunek 4.28: Roczna sucha masa odzyskiwana z odchodów bydła w Afganistanie.

4.3.4 Roczny potencjał biogazu

Potencjał biogazu z obornika bydlęcego jest szacowany zgodnie z parametrami obornika bydlęcego opisanymi na poprzednich stronach. Ponieważ potencjał biogazu zależy od pogłowia bydła i parametrów obornika bydlęcego, strefy produkcji biogazu są najbardziej zaludnionymi strefami w kraju. Północny wschód jest zaliczany do strefy najwyższej produktywności, około 24 procent całkowitej szacowanej ilości biogazu pochodzi z tej strefy. Drugie miejsce zajmuje wschód - 18 procent, następnie południowy zachód - 15 procent, centrum - 12 procent, południe - 11 procent, północ i zachód - 8 procent i zachód - centrum - 3 procent. W latach 2012-2013 łączny potencjał biogazu w ośmiu strefach Afganistanu wyniósł 717 101 813 ^{m3} , w latach 2013-2014 ilość ta zmniejszyła się do 715 871 089 ^{m3} , ze względu na redukcję pogłowia bydła w tym roku.

Biogazownia z podwójnym palnikiem zużywa 0,44 $^{\text{m3 biogazu na}}$ godzinę, a lampa na biogaz zużywa 0,14 ^{m3} biogazu na godzinę (Jaimme Q. Dilidili,

2011). Dla ośmioosobowej rodziny {w Afganistanie średnia wielkość rodziny wynosi 7,4 osoby (NRVA, 2011-12)} dziennie potrzebne będzie około 4,44 m^3 biogazu (4 lampy na 4 godziny dziennie na rodzinę i jeden podwójny palnik gazowy na 5 godzin dziennie na rodzinę). Szacuje się, że biogaz z lat 2013-2014 może wystarczyć dla 441 732 rodzin, innymi słowy, w Afganistanie mogą powstać biogazownie o wielkości 441 732 rodzin. Z tych 35 178 biogazowni można było wybudować na północy, 107 442 na północnym wschodzie, 37 288 na zachodzie, 14 448 na zachodzie-środkowym, 59 038 w centrum, 47 303 na południu, 80 167 na wschodzie i 64 858 w południowo-zachodniej strefie Afganistanu. Wykorzystanie biogazu może przyczynić się do zmniejszenia emisji CO_2 i zmniejszenia importu LPG. Z drugiej strony, rodziny mogą zaoszczędzić pieniądze i cieszyć się czystym zużyciem paliwa i lepszym zdrowiem.

Rysunek 4.29 pokazuje, że potencjał biogazu w latach 2012-13 i 2013-14 różni się nieznacznie, szacowany potencjał biogazu został zmniejszony o 0,17 procent w latach 2012-13 do 2013-14, ponieważ w tym roku w Afganistanie zmniejszyła się liczba pogłowia bydła.

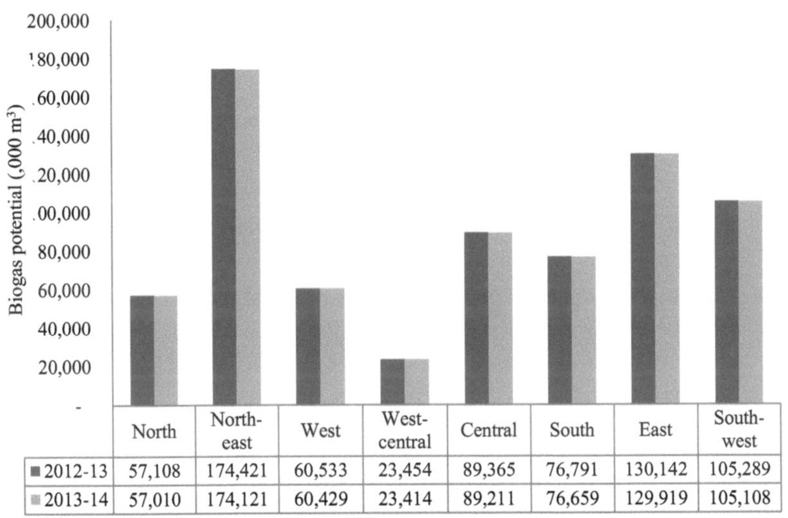

	North	North-east	West	West-central	Central	South	East	South-west
2012-13	57,108	174,421	60,533	23,454	89,365	76,791	130,142	105,289
2013-14	57,010	174,121	60,429	23,414	89,211	76,659	129,919	105,108

Rysunek 4.29: Roczny potencjał biogazu w Afganistanie.

4.3.5 Roczny potencjał energetyczny biogazu

Roczny potencjał energetyczny biogazu szacowany jest na podstawie rocznego potencjału biogazu z obornika bydlęcego oraz wartości opałowej biogazu, omówionych na poprzednich stronach niniejszego opracowania.

W Afganistanie potencjał biogazu z odchodów bydlęcych wynosił około 717 101 813 ^{m3} i 715 871 089 $^{m3\ odpowiednio\ w\ latach}$ 2012-13 i 2013-14. Przy wartości opałowej 20 MJ na ^{m3} (Perera et al., 2005) szacuje się, że potencjał energetyczny biogazu z odchodów bydlęcych wynosił około 14.342 TJ i 14.317 TJ odpowiednio w latach 2012-13 i 2013-14, co oznacza spadek o 0,17 procent w latach 2012-13 do 2013-14. Przyczyną zmniejszenia potencjału energetycznego jest zmniejszenie pogłowia bydła w tym roku. Z ośmiu stref Afganistanu, północno-wschodnia część jest najbardziej zaludnioną przez bydło, około 3 488 TJ, a 3 482 TJ energii z biogazu może być wytwarzane w tej strefie odpowiednio w latach 2012-13 i 2013-14, co stanowi 24 procentowy udział w całkowitym potencjale energetycznym biogazu z odchodów bydła w Afganistanie. Drugą najbardziej produktywną strefą produkcji energii z biogazu jest wschód z 18-procentowym udziałem, a południowy zachód zajmuje trzecie miejsce z 15-procentowym udziałem, następnie środkowe 12 procent, południowe 11 procent, północne i zachodnie 8 procent i zachodnio-centralne 3 procentowy udział w całkowitym potencjale energetycznym biogazu w latach 2012-13 i 2013-14.

Rysunek 4.30, pokazuje roczny potencjał energii z biogazu w ośmiu strefach Afganistanu w latach 2012-13 i 2013-14. Niewielka różnica (spadek o 0,17%) jest widoczna w potencjale energetycznym biogazu (wytwarzanego z odchodów bydła) w latach 2012-13 do 2013-14 w Afganistanie.

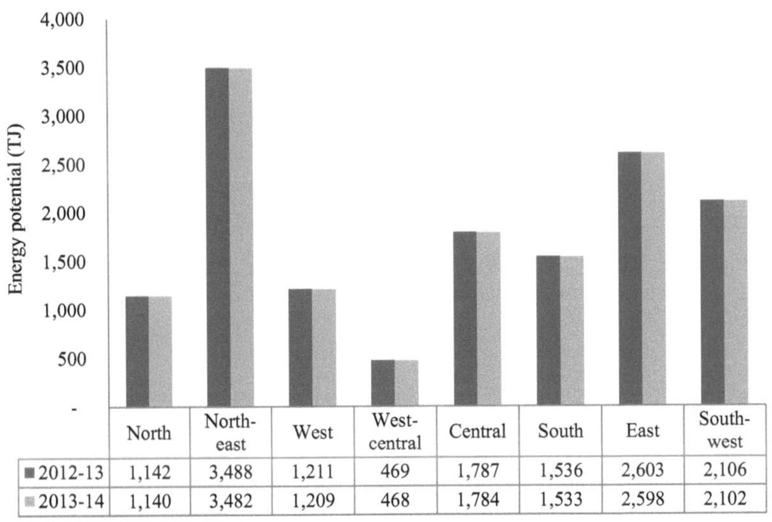

	North	North-east	West	West-central	Central	South	East	South-west
2012-13	1,142	3,488	1,211	469	1,787	1,536	2,603	2,106
2013-14	1,140	3,482	1,209	468	1,784	1,533	2,598	2,102

Rysunek 4.30: Roczny potencjał energii z biogazu w Afganistanie.

4.4 Całkowity roczny potencjał energii z biomasy w Afganistanie

Potencjał energetyczny leśnego drewna opałowego, węgla drzewnego, resztek pożniwnych i biogazu (wytwarzanego z odchodów bydła) wyniósł 97 310 TJ w latach 2012-13 i 99 012 TJ w latach 2013-14 w Afganistanie. Oznacza to, że potencjał energetyczny biomasy został zwiększony o 1,7 procent w latach 2012-13 do 2013-14.

W całkowitym potencjale energetycznym biomasy duży udział miały resztki pożniwne (69,4 proc.) w porównaniu z potencjałem energetycznym biogazu (14,5 proc.) oraz potencjałem energetycznym leśnego drewna opałowego (wykorzystywanego do celów energetycznych) i węgla drzewnego (16,2 proc.) w latach 2013-14. Całkowity potencjał energetyczny leśnego drewna opałowego (wykorzystywanego do celów energetycznych) i węgla drzewnego wyniósł 15 680 TJ w latach 2012-13 i 16 008 TJ w latach 2013-14, co oznacza wzrost o 2,1%. Ale jest to spowodowane degradacją lasów w kraju. Całkowity potencjał energetyczny resztek pożniwnych wyniósł 67.287 TJ w latach 2012-13 i 68.686 TJ w latach 2013-14, co oznacza wzrost o 2,1% w latach 2012-13 do 2013-14. Potencjał energetyczny biogazu wytwarzanego z odchodów bydlęcych wyniósł 14.342 TJ i 14.317 TJ odpowiednio w latach 2012-13 i 2013-14.

Na rysunku 4.31. przedstawiono całkowity potencjał energetyczny biomasy, na który składa się leśne drewno opałowe, węgiel drzewny, resztki pożniwne i biogaz (wytwarzany z odchodów bydła) potencjał energetyczny w Afganistanie. Dla porównania, wynik pokazuje, że potencjał energetyczny pozostałości roślinnych jest znacznie wyższy niż potencjał energetyczny biogazu, leśnego drewna opałowego i węgla drzewnego.

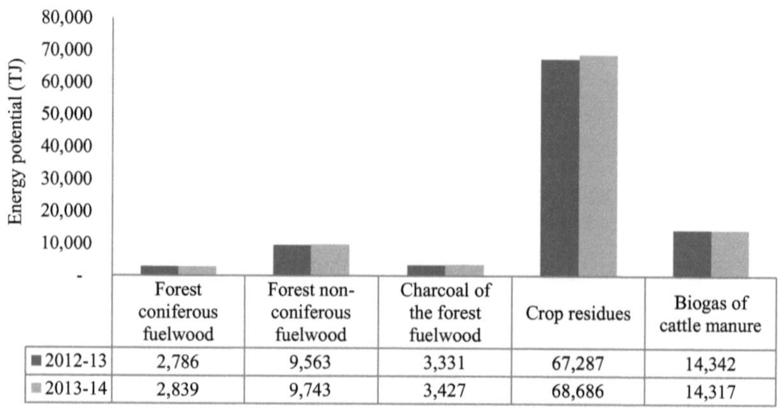

	Forest coniferous fuelwood	Forest non-coniferous fuelwood	Charcoal of the forest fuelwood	Crop residues	Biogas of cattle manure
2012-13	2,786	9,563	3,331	67,287	14,342
2013-14	2,839	9,743	3,427	68,686	14,317

Rysunek 4.31: Całkowity wybrany roczny potencjał energetyczny biomasy w Afganistanie.

4.5 Ułamki energii zużywanej i nadwyżki biomasy

W całym wybranym potencjale energetycznym biomasy szacuje się, że około 48 procent z jej nadmiaru stanowi biomasa. Około 52 procent szacowanej energii zostało wykorzystane zarówno w latach 2012-13, jak i 2013-14. Zużycie tej 52% wyselekcjonowanej energii z biomasy dotyczyło głównie gotowania i ogrzewania pomieszczeń w gospodarstwach domowych.

Rysunek 4.32 pokazuje, że 46 575 TJ i 47 255 TJ energii było z nadwyżką odpowiednio w latach 2012-13 i 2013-14, a około 50 734 TJ zostało wykorzystane w latach 2012-13 i 51 757 TJ zostało wykorzystane w latach 2013-14.

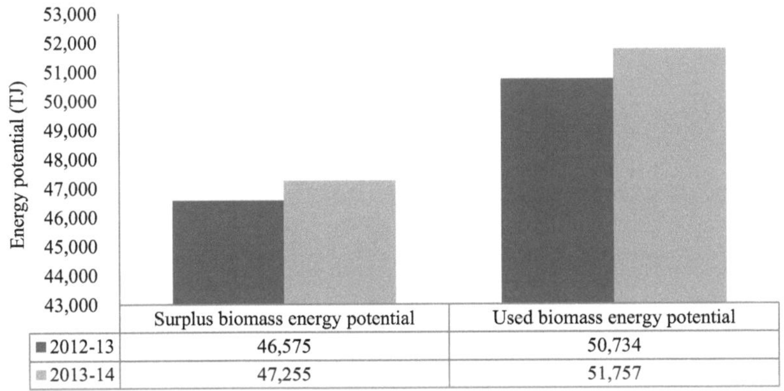

Rysunek 4.32: Zużyty i nadwyżkowy potencjał energetyczny biomasy.

4.6 Udział wybranej energii z biomasy w zużyciu energii pierwotnej

Ważne jest, aby znać część wybranego zużycia energii z biomasy w całkowitym zużyciu energii pierwotnej w Afganistanie. W latach 2012-13 całkowite zużycie energii pierwotnej w Afganistanie wynosiło 140 966 TJ (EIA, 2015), a szacowany potencjał energetyczny wybranej biomasy wynosił 97 310 TJ. Oznacza to, że szacowana energia z wybranej biomasy może stanowić około 69% całkowitego zużycia energii pierwotnej w kraju w latach 2012-13. W tym 69 wkładzie udział resztek pożniwnych, obornika bydlęcego, leśnego drewna opałowego i węgla drzewnego w leśnej energii drzewnej wynosił odpowiednio 48%, 10%, 9% i 2%.

Wykres 4.33 pokazuje udział wybranej energii z biomasy w całkowitym zużyciu energii pierwotnej w Afganistanie.

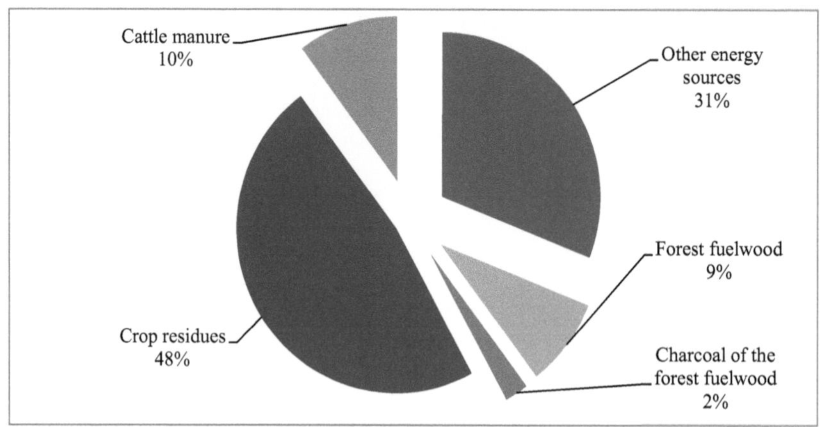

Rysunek 4.33: Udział wybranej energii z biomasy w całkowitym zużyciu energii pierwotnej.

4.7 Wynik i dyskusja

W tym rozdziale do oceny potencjału energetycznego uwzględniono leśne drewno opałowe, węgiel drzewny leśnego drewna opałowego, resztki pożniwne i obornik bydlęcy. Wraz z tym określono również charakterystykę pozostałości po uprawach.

Drewno opałowe jest podstawowym paliwem do gotowania i ogrzewania pomieszczeń w Afganistanie. W niniejszym opracowaniu skupiono się wyłącznie na leśnym drewnie opałowym i węglu drzewnym (przekształconym z leśnego drewna opałowego). Całkowita produkcja leśnego drewna opałowego wyniosła 1 693 939 ^{m3} i 1 725 812 ^{m3} odpowiednio w latach 2012-13 i 2013-14. W nich 58 procent jest bezpośrednio zużywane na energię, a 42 procent jest przetwarzane na węgiel drzewny. Całkowity potencjał energetyczny leśnego drewna opałowego (bezpośrednio wykorzystywanego do celów energetycznych) i węgla drzewnego wyniósł 15 680 TJ w latach 2012-13 i 16 008 TJ w latach 2013-14. W leśnym potencjale energetycznym drewna opałowego (bezpośrednio wykorzystywanego do celów energetycznych) udział iglastego i liściastego potencjału energetycznego drewna opałowego wynosił odpowiednio 22,6% i 77,4%. Potencjał energetyczny węgla drzewnego wynosił 3 331 TJ w latach 2012-13 i 3 427 TJ w latach 2013-14, co stanowi 21,4% udziału w całkowitym potencjale energetycznym leśnego drewna opałowego (bezpośrednio wykorzystywanego do celów energetycznych) i węgla drzewnego (przetworzonego z leśnego drewna opałowego).

Produkcja roślinna jest głównym produktem rolnym w Afganistanie, około 6 364 000 ton i 6 507 329 ton wybranych roślin zostało wyprodukowanych odpowiednio w latach 2012-13 i 2013-14. Oznacza to wzrost o 2,3 procent w latach 2012-13 do 2013-14. W całkowitej produkcji roślinnej w latach 2013-14 udział produkcji pszenicy wynosił 79,4 procent, ryżu 7,9 procent, jęczmienia 7,87 procent, a kukurydzy 4,8 procent. Z produkcji roślinnej w latach 2012-13 i 2013-14 uzyskano odpowiednio około 11 308 200 ton i 11 560 983 ton pozostałości, co oznacza wzrost o 2,2 procent w latach 2012-13 do 2013-14. Udział słomy pszennej wynosił 80,5 procent, słomy ryżowej 6,6 procent, łuski ryżowej 0,9 procent, słomy jęczmiennej 5,8 procent, łodyg kukurydzy 5,4 procent, a kolb kukurydzy 0,8 procent w ogólnej ilości pozostałości po zbiorach w latach 2013-14 w Afganistanie.

W celu określenia przybliżonej analizy (zawartość procentowa wilgoci, substancji lotnych, popiołu i węgla stałego), analizy końcowej (zawartość procentowa masy C, H, N i O) oraz wartości opałowej wybranych pozostałości upraw, próbki pobrane z pola w Afganistanie zostały przetestowane do analizy przybliżonej w laboratorium Asian Institute of Technology, Energy. Test wykonano za pomocą analizatora termograwimetrycznego (TGA701). Do ostatecznej analizy próbki zostały przetestowane w Thailand Institute of Science and Technological Research, (TISTR). Parametry te, przedstawione odpowiednio na rysunkach 4.17 i 4.18, mogą pomóc w prawidłowym wykorzystaniu resztek pożniwnych do celów energetycznych. Na przykład, może to pomóc w identyfikacji pozostałości roślinnych dla specjalnego rodzaju pieca lub pieca dla specjalnego rodzaju pozostałości roślinnych. Wyższe wartości opałowe (HHV) pozostałości roślin uprawnych oznaczono w Azjatyckim Instytucie Technologii, Laboratorium Energii z LECO, kalorymetr automatyczny (AC-500), a niższe wartości opałowe pozostałości roślin uprawnych na podstawie wyższych wartości opałowych i procentu wagowego wodoru (H) w próbkach za pomocą równania 2,20, zilustrowanego na rysunku 4.19. Te niższe wartości opałowe zostały wykorzystane do oszacowania potencjału energetycznego resztek pożniwnych w Afganistanie.

Całkowity szacowany potencjał energetyczny pozostałości roślinnych wyniósł około 67 287 TJ i 68 686 TJ odpowiednio w latach 2012-13 i 2013-14, co oznacza wzrost o 2,1% w latach 2012-13 do 2013-14. Około 57,8 procent tego szacunkowego potencjału energetycznego pochodziło ze słomy pszennej, 13,8 procent ze słomy ryżowej, 2,4 procent z łuski ryżu, 12,4 procent ze słomy jęczmiennej 11,5 procent z łodyg kukurydzy i 2,1 procent z kolb kukurydzy.
Całkowity szacowany potencjał energetyczny biogazu (wytwarzanego z odchodów bydła) wyniósł 14 342 TJ i 14 317 TJ odpowiednio w latach 2012-13 i 2013-14 w Afganistanie.

Całkowity szacowany potencjał energetyczny biomasy z leśnego drewna opałowego, węgla drzewnego, resztek pożniwnych i biogazu (wytwarzanego z odchodów bydła) wyniósł 97 310 TJ i 99 012 TJ odpowiednio w latach 2012-13 i 2013-14. Wskazują one, że potencjał energetyczny biomasy został zwiększony o 1,7 procent w latach 2012-13 do 2013-14. Udział potencjału energetycznego pozostałości roślinnych był wysoki (69,4%) w porównaniu z potencjałem energetycznym drewna opałowego i węgla drzewnego (16,2%) oraz potencjałem energetycznym biogazu wytwarzanego z odchodów bydła (14,5%) w latach 2013-14. Około 48 procent całego szacowanego potencjału energetycznego pochodzi z nadwyżki biomasy i 52 procent z biomasy zużytej do produkcji energii.

Efektywne wykorzystanie tych zasobów może przyczynić się do zmniejszenia emisji CO2 i importu LPG do kraju. Zachęca również rodziny do oszczędzania pieniędzy i korzystania z czystego paliwa i lepszej kondycji zdrowotnej. Udział całkowitej szacowanej energii z wybranej biomasy w całkowitym zużyciu energii pierwotnej może wynieść 69 procent w latach 2012-13.

ROZDZIAŁ 5
TECHNOLOGIE ENERGETYCZNE WYKORZYSTUJĄCE BIOMASĘ W PROWINCJI KANDAHAR W AFGANISTANIE

W tym rozdziale dokonano przeglądu obecnie używanych pieców kuchennych, określono odpowiednie ulepszone piece kuchenne oraz potencjał oszczędności drewna opałowego w stosunku do obecnie używanych pieców kuchennych. Ocenia również potencjał biogazu, identyfikuje odpowiednią biogazownię i przeprowadza jej analizę techno-finansową w prowincji Kandahar w Afganistanie.

5.1 Efektywność gotowania w obecnie używanych piecach kuchennych

W tym rozdziale opisano sześć pieców kuchennych, z których pięć jest piecami uniwersalnymi, służącymi do ogrzewania i gotowania w pomieszczeniach, a dwa pozostałe służą tylko do gotowania. Do analizy stosuje się metodę doświadczalną opisaną w sekcji 2.6.

5.1.1 Kuchenka typu pudełko

Piec typu "Box" to wielofunkcyjny piec pokazany na rysunku 5.1. Stosowany jest głównie w chłodniejszej porze roku (od listopada do marca). Piec służy głównie do ogrzewania pomieszczeń, zwłaszcza jadalni. Ponadto, w tym piecu można użyć dwóch garnków, aby zagotować wodę i ugotować posiłek. Piec jest wykonany z 0,5 mm blachy na rynkach lokalnych, a koszt tego pieca wyniósł 798 Afg (14 USD) w listopadzie 2014 roku. W piecu tym stosowane są różne rodzaje paliwa, takie jak drewno opałowe i resztki roślinne. Szybkość spalania pieca wynosi 3,43 kg drewna opałowego na godzinę, a sprawność gotowania pieca wynosi 18,7%, co zostało określone na podstawie standardowego testu wrzenia wody (WBT) w dziedzinie objętej tym badaniem.

Rysunek 5.1 przedstawia piec typu box, który ma 62 cm długości, 30 cm szerokości i 31 cm wysokości. Wewnątrz pieca znajduje się kominek, magazyn popiołu i paliwa.

Rysunek 5.1: Piec typu "Box", używany do ogrzewania i gotowania. (Źródło: Zdjęcie z eksperymentów terenowych)

5.1.2 Piec kotłowy okrągły

Okrągły piec kotłowy służy głównie do ogrzewania pomieszczenia i gotowania wody, pokazany na rysunku 5.2. Piec ten jest używany w pomieszczeniach kąpielowych w zimnej porze roku. Składa się z dwóch portów, pieca i kotła. Pojemność kotła wynosi 18 litrów. Jest on również wykonany z 0,5 mm blachy na rynkach lokalnych, a jego koszt wyniósł 685 Afg (12 USD) w listopadzie 2014 roku. W piecu tym stosowane są różne rodzaje paliw, takie jak drewno opałowe i zużyta guma. Szybkość spalania tego pieca wynosi 4 kg drewna opałowego na godzinę, a jego wydajność gotowania wynosi 21,5%, określona na podstawie standardowego testu wrzenia wody (WBT) w dziedzinie objętej tym badaniem.

Rysunek 5.2 przedstawia okrągły piec kotłowy, w którym wysokość pieca wynosi 42 cm, a wysokość kotła 28 cm przy średnicy 30 cm.

Rysunek 5.2: Piec typu kotłowego okrągłego, używany do ogrzewania pomieszczeń i gotowania wody. (Źródło: Zdjęcie z eksperymentów terenowych)

5.1.3 Kuchenka okrągła z dwoma garnkami

Kuchenka okrągła z dwoma garnkami służy również do ogrzewania pomieszczeń w chłodnej porze roku (listopad - marzec), a w czasie pracy można na niej również umieścić dwa garnki w celu zagotowania wody lub ugotowania posiłku. Ten rodzaj pieca jest używany w ogólnych pomieszczeniach do ogrzewania pomieszczeń na poziomie gospodarstwa domowego. Wykonywany jest na rynkach lokalnych z blachy o grubości 0,5 mm. Jego koszt wyniósł 456 Afg (8 USD). Jako paliwo w tym piecu można wykorzystać drewno opałowe, resztki roślin i zużytą gumę. Szybkość spalania tego pieca wynosi 4 kg drewna opałowego na godzinę, a wydajność gotowania pieca wynosi 9,3%, badana na podstawie standardowego testu wrzenia wody (WBT) w ramach tego badania.

Rysunek 5.3 przedstawia dwa garnki z okrągłym piecem, w którym wysokość składowania popiołu wynosi 15 cm, wysokość paleniska 22 cm, a długość rury uchwytu drugiego garnka 18 cm. Średnica tego pieca wynosi 30 cm.

Rysunek 5.3: Kuchenka z dwoma garnkami, okrągła, służąca do ogrzewania i gotowania.

(Źródło: Zdjęcie z eksperymentów terenowych)

5.1.4 Kuchenka typu kubełkowego

Kuchenka typu wiaderkowego jest bardzo popularna w wiejskich gospodarstwach domowych. Jest on również używany zarówno do ogrzewania pomieszczeń, jak i do gotowania. Piec ten stoi na ziemi i nie posiada osobnego schowka na popiół, jest używany głównie w jadalniach w chłodnej porze roku (od listopada do marca). Piec ten jest również wykonany z 0,5 mm blachy, a jego koszt wyniósł 285 Afg (5 USD). Paliwo do palenia pieca to drewno opałowe, resztki pożniwne i krowie łajno. Szybkość spalania pieca wynosi 3,75 kg drewna opałowego na godzinę, a wydajność gotowania pieca 9%, określona na podstawie standardowego testu wrzenia wody (WBT) w dziedzinie objętej tym badaniem.

Rysunek 5.4 przedstawia piec typu wiadro, wysokość pieca wynosi 28 cm, średnica górna 22,5 cm, średnica dna 32,5 cm, a rura podtrzymująca drugi garnek ma długość 15 cm.

Rysunek 5.4: Piec kuchenny typu kubełkowego, używany do ogrzewania i gotowania pomieszczeń.
(Źródło: Zdjęcie z eksperymentów terenowych)

5.1.5 Kuchenka trzypalnikowa

Kuchenka z trzema kamieniami służy tylko do gotowania i jest umieszczona w kuchni. Używa się go we wszystkich porach roku prawie w każdym domu. Piec ten może być wykonany z błota i cegły lub z prętów stalowych. Koszt pieca stalowego typu prętowego wynosił 170 Afg (3 USD), a rodzaj błota nie ma żadnych kosztów, jest on wykonywany przez kobiety w domach, gdy jest to konieczne. Tylko jeden garnek jest obsługiwany przez ten piec w jednym czasie. Można w nim stosować różne rodzaje paliw, takie jak drewno opałowe, obornik bydlęcy, resztki pożniwne i odpady z zamiatania. Prędkość spalania tego pieca jest bardzo wysoka i wynosi około 6 kg drewna opałowego na godzinę, oszacowana na podstawie eksperymentu wydajności pieca. Wydajność gotowania w piecu wynosi 12,6%, ustalona na podstawie standardowego testu gotowania w wodzie (WBT) w dziedzinie objętej niniejszym badaniem podczas zbierania danych do tego badania w listopadzie 2014 r. Główne problemy tego pieca to niska wydajność i wydalanie dymu. Uwalniający się dym wpływa na zdrowie kobiet, a także zmienia smak posiłku, jeśli pokrywa garnka nie jest odpowiednio dokręcona.

Rysunek 5.5 przedstawia dwa rodzaje trzech kamiennych pieców kuchennych, wykonanych z prętów stalowych i błota. Nogi piecyka stalowego typu prętowego mają wysokość 15cm, a długość każdego z boków wynosi 30cm. Piec typu borowinowego ma średnicę 45cm, a wysokość, długość i szerokość nóg wynosi odpowiednio 20cm, 24cm i 8cm.

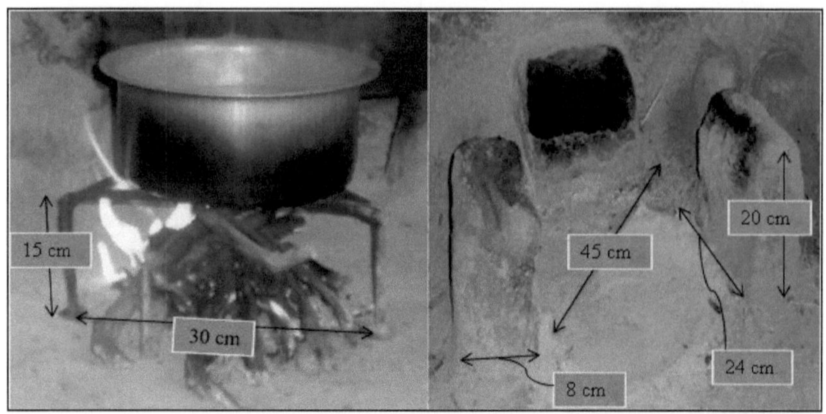

Rysunek 5.5: Trzy piece kuchenne typu kamiennego, wykonane z prętów stalowych i błota.
(Źródło: Zdjęcie z eksperymentów terenowych)

5.1.6 Kuchenka dwupoziomowa

Piec posiada tylko dwa wsporniki (rysunek 5.6), jeden bok pieca jest zamknięty ścianą, więc jego trzy boki są zamknięte i tylko jeden bok jest otwarty do załadunku drewna opałowego. Piec ten jest bardzo popularny i jest używany w każdym domu do gotowania posiłków. Zasadniczo nie jest on bezpośrednio wystrzeliwany, dostaje płomień z pobliskiego pieca naan, dlatego też jest on budowany w gospodarstwach domowych przed kominkiem naan. Spala 4,3 kg drewna opałowego na godzinę. Sprawność gotowania tej kuchenki wynosi 13%, określona za pomocą standardowego testu zagotowania wody (WBT) w terenie w ramach tego badania.

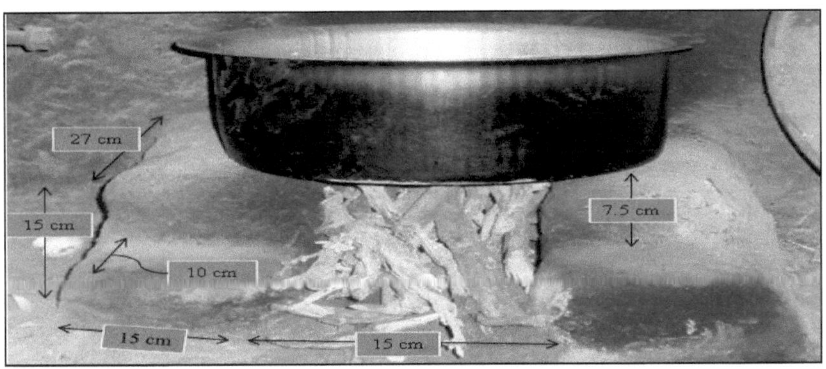

Rysunek 5.6: Piec kucharski na dwóch podporach.
(Źródło: Zdjęcie z eksperymentów terenowych)

5.1.7 Porównanie obecnie używanych pieców kuchennych

Obecnie używane piece kuchenne są sześcioma rodzajami. Z nich cztery rodzaje (piec skrzyniowy, okrągły, dwa garnki, okrągły i wiadro) są używane zarówno do ogrzewania pomieszczeń, jak i do gotowania, ale nie jest to ich główne zadanie. Zasadniczo są one wykorzystywane do ogrzewania pomieszczeń na krótki czas zimy (od listopada do marca). Te cztery rodzaje pieców wykonane są lokalnie z blachy o grubości 0,5 mm. Ponieważ muszą one ogrzewać przestrzeń, dlatego też przewodność cieplna blachy powinna być wysoka, aby uwolnić maksymalną ilość ciepła w pomieszczeniu. Nie jest wymagane zwiększenie efektywności gotowania tych grzałek, ponieważ ich głównym celem jest oddawanie ciepła do ogrzewania pomieszczenia, a gotowanie jest ich dodatkową korzyścią. Pozostałe dwie kuchenki (trzy kamienne i dwie podpory) służą tylko do gotowania posiłku i gotowania wody we wszystkich porach roku. Efektywność ich gotowania wynosi odpowiednio 12,6% i 13%. Kuchenka dwupolowa typu "naan" nie jest bezpośrednio zapalna, lecz płonie z kominka do pieczenia naan.

W tabeli 5.1 przedstawiono parametry aktualnie używanego pieca kuchennego w prowincji Kandahar. Z tych pieców, kotły typu skrzynkowego i okrągłego mają dobrą wydajność gotowania, odpowiednio 18,7% i 21,5%, a także przygotowują ogrzewanie i gotowanie na dwóch stanowiskach, ale są one używane tylko przez trzy miesiące w sezonie zimowym i nie mogą być używane przez cały rok. Najczęściej używane piece kuchenne to trzy kamienne i dwa rodzaje wsporników, w szczególności trzy kamienne piece kuchenne są głównym wydatkiem na drewno opałowe i resztki roślinne w gospodarstwach domowych. Efektywność gotowania na trzypalcowej kuchence wynosi 12,6%, badana w terenie w ramach tego badania. Aby zaoszczędzić drewno opałowe, należy wybrać odpowiedni ulepszony piec kuchenny zamiast pieca trzypalnikowego.

Tabela 5.1: Aktualne parametry używanych pieców kuchennych

Cook Stove	Burning Fuel Type	Burning Rate (kg/ hour)	Cooking Efficiency (%)	Cost (USD)	Purpose of Usage	Usage Duration in the Year
Box type stove	Fuel wood and crop residue	3.43	18.7	14	Space heating and cooking	November to March
Circular boiler stove	Fuel wood and used rubbers	4	21.5	12	Space heating and boiling	November to March
Two pot circular stove	Fuel wood and crop residue	4	9.3	8	Space heating and cooking	November to March
Bucket type stove	Fuel wood and crop residue	3.75	8.9	5	Space heating and cooking	November to March
Three stone type stove	Fuel wood and cattle manure	6	12.6	3	Cooking	All the time
Two supports stove	Fuel wood and Crop residue	4.3	13	0	Cooking	All the time

(Źródło: Pomiary danych terenowych w listopadzie 2014 r.)

5.1.8 Identyfikacja odpowiednich ulepszonych pieców kuchennych

W celu określenia odpowiedniego ulepszonego pieca, który zastąpi trzy kamienne piece, w rozdziale 2.3.4 omówiono dwa rodzaje ulepszonych pieców (Anagi II i ulepszony chulha). Oba te piece mogą obsługiwać dwa garnki w jednym czasie. Kuchenka Anagi II została opracowana w Sri Lance w 1986 r. przez Ceylon Electricity Board we współpracy z ITDG w ramach programu Urban Piece. Jest on wykonany z gliny, a wydajność tego pieca wynosi 21% (Sanchez, 2008).

Ulepszone chulha lub Abhinav/Jetan zostało opracowane przez Technical Back-up Unit, Energy Research Centre, Pendżab University, Chandigarh, w 1987 roku.
Ulepszony chulha jest zrobiony z błota z kominem. Można w nim stosować różne rodzaje paliwa, takie jak drewno opałowe, obornik krów, resztki roślinne i gałązki. Wydajność pieca wynosi 22%, a jego szybkość spalania 1Kg/h. Koszt tego pieca to Rs. 55-72 (2,2-2,9 USD) (FAO, 1993). Ten piec jest szeroko stosowany w Indiach.

Oba piece kuchenne nadają się do zastosowania w prowincji Kandahar, ze względu na takie samo zużycie paliwa, rodzaje konstrukcji i materiałów oraz kulturę ludową. Porównując Anagi II i ulepszone chulha, budowa pieca kuchennego Anagi II potrzebuje wykwalifikowanej osoby i ulepszone chulha może być łatwo wykonane, a wydajność ulepszonego chulha jest również większa niż wydajność pieca kuchennego Anagi II, Tak więc ulepszone chulha jest odpowiednim ulepszonym piecem do zastąpienia trzykamiennego pieca kuchennego w prowincji Kandahar w Afganistanie.

5.1.9 Potencjał oszczędności drewna opałowego w zidentyfikowanych ulepszonych piecach kuchennych

Potencjał oszczędności paliwa zidentyfikowanych ulepszonych pieców kuchennych opiera się na efektywności obecnie używanych trzech kamiennych pieców kuchennych, pieca Anagi II i ulepszonego chulha. W celu oszacowania potencjału oszczędności drewna opałowego ulepszonych pieców kuchennych zachowano obecnie stosowaną wydajność trzech pieców kamiennych oraz zużycie drewna opałowego. Prowincja Kandahar jest domem dla około 158 892 gospodarstw domowych, a średnie zużycie drewna opałowego do gotowania w trzykamiennym piecu kuchennym wynosi około 1100 kg na gospodarstwo domowe rocznie (Mohammad et al., 2013). Na podstawie tych danych, około 174 781 ton drewna opałowego jest używane przez trzykamienny piec kuchennym rocznie. Poprzez zaangażowanie wydajności gotowania w przygotowanie takiej samej ilości pracy, Anagi II i ulepszone chulha zużywają odpowiednio 104,869 ton rocznie i 100,102 ton rocznie. Roczny potencjał oszczędności drewna opałowego w tych ulepszonych piecach kuchennych wyniesie odpowiednio około 40% i 43%. Jest to prawie połowa rocznego zużycia drewna opałowego przez trzy kamienne piece do gotowania.

Tabela 5.2 przedstawia potencjał oszczędności drewna opałowego w zidentyfikowanych ulepszonych piecach kuchennych w porównaniu z obecnie stosowanymi trzema kamiennymi piecami w prowincji Kandahar.

Tabela 5.2: Potencjał oszczędności drewna opałowego dzięki ulepszonym piecom kucharskim

Rodzaje kuchenek	Zużycie drewna opałowego (tona/rok)	Efektywność gotowania (%)	Potencjał w zakresie oszczędności drewna opałowego		Potencjał oszczędności energii (TJ/rok)
			%	tona/rok	
Trzy kamienie	174,781	12.6	0	0	0
Anagi II *	104,869	21	40	69,912	866
Ulepszony chulha **	100,102	22	43	74,679	925

{Y:i}Source: (Doświadczenia w terenie, 2014); *(Sanchez, 2008); ** (FAO, 1993)}

5.2 Biogaz Potencjał w prowincji Kandahar

Ta część ilustruje potencjał biogazu w odchodach bydlęcych w mieście i 15 powiatach prowincji Kandahar. Do analizy stosuje się metodę szacowania-1 opisaną w sekcji 2.4.2.

5.2.1 Populacja bydła

W prowincji Kandahar bydło, owce, kozy, kurczak, koń, ocena, muł i wielbłąd są ważne zwierzęta. W badaniu tym do oszacowania biogazu brano pod uwagę tylko obornik bydlęcy, ponieważ niektóre inne zwierzęta są wykorzystywane do działań na zewnątrz, takich jak transport. Trudno jest zebrać ich gnojowicę, z drugiej strony, nie są one przechowywane razem w ilości wystarczającej do wytworzenia wystarczającej ilości gnojowicy do produkcji biogazu.

W Kandaharze bydło trzymane jest w gospodarstwach domowych i formach mlecznych. Rolnicy zazwyczaj hodują niewiele bydła (1-5) do produkcji mleka, podczas gdy średnia liczba bydła w postaci mlecznej wynosi 24 sztuki. Obornik wytwarzany z bydła jest wykorzystywany jako paliwo do gotowania w gospodarstwach domowych oraz jako nawóz w rolnictwie. Łączne pogłowie bydła w latach 2013-14 wyniosło 101 747 sztuk (tabela 5.3). Z dzielnic, Zhari, Arghandab, Maywand, Panjwayi, Maruf, Khakrez i Sha Wali Kot są najbardziej zaludnionymi dzielnicami, w których żyje najwięcej bydła.

5.2.2 Roczny potencjał biogazu

Potencjał biogazu z odchodów bydła w prowincji Kandahar szacowany jest na podstawie parametrów pogłowia bydła i odchodów bydła, omówionych odpowiednio w sekcjach 5.2.1 i 4.3.2. Całkowity potencjał biogazu w latach 2013-14 wyniósł 13 913 608 ^{m3}. Z tych dzielnic Zhari udział wynosił 12,2 procent, Arghandab 12 procent, Maywand 10,4 procent, Panjwayi 9,4 procent, Maruf 8 procent, Khakrez 7,4 procent, Sha Wali Kot 6,4 procent, Kandahar 6 procent.4 %, Daman 5,6 %, Ghorak 4,4 % i Nesh 4,3 %, a udziały innych okręgów, takich jak Meenasheen, Spin Boldak, Registan i Shorabak wynosiły odpowiednio 3,5 %, 2,9 %, 0,6 % i 0,5 %. W obliczeniach, dzielnica Dand została połączona z miastem, a dwa inne miejsca nazwami Shigah i Takhtapul zostały połączone z Spin Boldak. Tabela 5.3 przedstawia potencjał biogazu w mieście i 15 powiatach prowincji Kandahar w latach 2013-2014.

Tabela 5.3: Populacja bydła i potencjał biogazu w prowincji Kandahar w latach 2013-14

Miasto i dzielnice	Populacja bydła *	Potencjał biogazu (m^3)
Arghandab	12,219	1,670,913
Arghistan	6,393	874,224
Miasto	6,495	888,172
Daman	5,653	773,031
Ghorak	4,451	608,661
Khakrez	7,515	1,027,654
Maruf	8,107	1,108,609
Maywand	10,621	1,452,391
Meenasheen	3,542	484,358
Nesh	4,396	601,140
Panjwayi	9,541	1,304,704
Registan	576	78,766
Shah Wali Kot	6,500	888,856
Shorabak	463	63,314
Spin Boldak	2,908	397,661
Zhari	12,367	1,691,151
Razem	101,747	13,913,608

(* Źródło: Szacunki na podstawie krajowego spisu zwierząt gospodarskich w Afganistanie w latach 2002-3, CSO, rocznik statystyczny 2013-14 i FAO w Afganistanie, 2014).

Tabela 5.4 opiera się na metodzie szacowania potencjału biogazu, która została zilustrowana w sekcji 2.4.2 niniejszego opracowania.

Tabela 5.4 Całkowita populacja bydła, parametry obornika i potencjał biogazu w prowincji Kandahar w latach 2013-14

Parametry	Wartości
Liczba bydła.	101,747
Wytworzony obornik (kg główka-1 dzień-1)	19
Frakcja odzyskiwalna	0.8
Proporcja suchej masy (%)	23.7
Odzyskiwalna masa sucha (tona roku 1)	133,784.7

Frakcja lotnej substancji stałej (kg VS kg-1 DM)	0.52
Wydajność biogazu (m^3 kg-1 VS)	0.2
Potencjał biogazu (m^3 rok-1)	13,913,608

5.3 Określenie odpowiedniej biogazowni dla sytuacji w Kandaharze

W rozdziale 2.3.5. omówiono biogazownie stacjonarne kopułowe oraz biogazownie z pływającym bębnem. W celu określenia odpowiedniej biogazowni dla sytuacji w Kandaharze, ważne jest, aby omówić różne parametry i rodzaje budowy tych instalacji.

Biogazownia z pływającym bębnem wymaga wykwalifikowanej siły roboczej do budowy komór fermentacyjnych i kopuł metalowych, dlatego też trudno jest ją zastosować w Kandaharze, gdzie technologie biogazowe nie istnieją do tej pory, a murarze nie mają umiejętności budowania skomplikowanych kształtów biogazowni.

Biogazownia stałokopułkowa może być wykonana z lokalnego materiału, takiego jak beton, cegła i kamień, i daje wyższą produkcję gazu na metr sześcienny komory fermentacyjnej i nie ma ruchomego portu do prawidłowego monitorowania. Budowa zakładu produkującego kopuły stałe nie wymaga dużej siły roboczej i może być wykonana nawet w małych domach. Z omawianych stacjonarnych kopułowych biogazowni Janatha i komór fermentacyjnych biogazowni Deenbandhu są zbudowane w kształcie okrągłym, wymagają wykwalifikowanej siły roboczej i większych kosztów budowy, ale stacjonarna kopułowa fermentownia DSAC-Model, która jest zmodyfikowaną formą biogazowni indyjskiej i chińskiej, ma kształt prostokątny, co ułatwia budowę biogazowni i nie wymaga bardzo wykwalifikowanej siły roboczej. Poza tym jest to technologia samoczynnego rozruchu i jest to pełna statyczna konstrukcja. Instalacja ta może być stosowana do produkcji biogazu na małą, średnią i dużą skalę, a różne rodzaje odpadów mogą być fermentowane w tym modelu. Tak więc dla sytuacji w Kandaharze biogazownia DSAC-Model z kopułami stałymi jest doskonałym wyborem i model ten jest rozważany w pozostałej części opracowania do analizy techno-finansowej biogazowni dla przypadku mleczarskiego, gdzie trzymane są razem 24 sztuki bydła.

5.4 Analiza techniczno-finansowa zidentyfikowanej biogazowni dla przypadku mleczarskiego

W tej części przedstawiono analizę techniczno-finansową biogazowni DSAC-Model w sprawie mleczarskiej. Mleczarnia posiada 24 sztuki bydła, znajdujące się w prowincji Kandahar. Mleczarnia ta została odwiedzona podczas zbierania danych z tego badania w listopadzie 2014 r. i dokonano pomiarów wymaganych parametrów obornika pochodzącego od bydła. W oparciu o pogłowie bydła i jego potencjał wytwarzania obornika przeprowadza się analizę techno-finansową zidentyfikowanej odpowiedniej biogazowni. Do analizy stosuje się metody opisane w sekcji 2.7 i 2.8.

5.4.1 Wielkość biogazowni

Do klasyfikacji wielkości biogazowni DSAC-Model stosuje się w tym przypadku metodę omówioną w rozdziale 2.7.

Aby określić dzienne wytwarzanie obornika, znana jest liczba sztuk bydła (24) oraz ich parametry obornika, omówione w sekcji 4.3.2.

- Wytwarzanie obornika (m3/dobę) = {NA x Wytwarzanie obornika (kg na głowę dziennie) x FR}/960
  Wytwarzanie obornika (m3/dzień) = (24 x 19 x 0,8) / 960 = 0,38

- Dzienny pobór gnojowicy jest określany z równania 2,22
  Objętość gnojowicy (m3/dzień) = Obornik zwierzęcy (m3/dzień) x 2 (stosunek obornika do wody = 1:1)
  Objętość gnojowicy (m3/dzień) = 0,38 x 2 = 0,76

- Objętość komory fermentacyjnej
  Objętość komory fermentacyjnej (^{m3}) = objętość gnojowicy (m3/dobę) x RT (dni) Eq 2.23

W Kandaharze średnia temperatura wynosi 28 C°, na podstawie tego Jaimme Q. Dilidili (2011) zaleca 32 dni czasu retencji (RT).
Pojemność komory fermentacyjnej (^{m3}) = 0,76 x 32 = 24,32 => 24

Ponieważ biogazownia DSAC-Model jest prostokątną komorą fermentacyjną, w zależności od dostępności miejsca, można określić długość (L), szerokość (W) i wysokość (H) komory fermentacyjnej. W niniejszym opracowaniu sugerowane są następujące wymiary: L = 4m, W = 3m i H = 2m.

- ❖ Pojemność magazynowania biogazu i parametry techniczne są określone na podstawie równań 2.24 do 2.27.

- ➢ Kopuła magazynu biogazu wznosząca się od góry komory fermentacyjnej, f (m) = 1/3 x W Eq 2.24
  f (m) = 1/3 x 3 = 1

- ➢ Promień kopuły magazynującej biogaz, R (m) = (W2 + 4f2) / 8f
  Eq 2,25
  R (m) = (^{32} + 4 x12) / 8 x 1 = 1,62

- ➢ Centralny kąt łuku kopuły, ø (stopień) = 2 x tan-1{(W / 2) / (R - f)}
  Eq 2,26
  ø (stopień) = 2 x tan-1{(3 / 2) / (1.62 - 1)} = 135,1

- ➢ Pojemność magazynowa biogazu (^{m3}) = L x (R2 / 2) {∏/180 x ø - sin (ø)}
  Eq 2,27
  Pojemność magazynowa biogazu (^{m3}) = 4 x (1,622 / 2) {∏/180 x 135,1
- grzech
  (135.1)} =8.7
- ❖ Pojemność zbiornika wlotowego (^{m3}) = objętość gnojowicy (m3/dobę)
  Eq 2.28
  Pojemność zbiornika wlotowego (^{m3}) = 0,76

- ❖ Wysokość rury wlotowej i włazu w komorze fermentacyjnej (m) = 1 / 2 x (H) Eq 2,29
  Wysokość rury wlotowej i włazu w komorze fermentacyjnej (m) = 1 / 2
x 2 = 1

- ❖ Szerokość włazu (m) = 0,4 x W Eq 2,30

Szerokość włazu (m) = 0,4 x 3 = 1,2

- Objętość zbiornika wylotowego (^{m3}) = 1/3 x {Objętość komory fermentacyjnej (^{m3})} Eq 2.31

  Pojemność zbiornika wyjściowego (^{m3}) = 1/3 x 24 = 8

5.4.2 Rodzaj budowy biogazowni

Typem konstrukcji rozważanym dla projektowanej biogazowni DCAS-Model jest konstrukcja RCC dla komory fermentacyjnej i jej magazynu gazu, murowana z cegły dla konstrukcji wlotowych i wylotowych oraz prefabrykowana rura betonowa dla rury wlotowej. Chociaż konstrukcje komór fermentacyjnych i magazynów gazu mogą być wykonane całkowicie z cegły przy niższych kosztach, konstrukcja RCC jest dobrym rozwiązaniem dla takich obszarów jak Kandahar, ponieważ konstrukcja murowana z cegły wymaga specjalnego cementu z wodoodpornymi domieszkami, które nie są tam dostępne. Model DSAC-Model, który został zidentyfikowany i zwymiarowany dla tego studium przypadku, to projekt zgodny z technologiami biogazu na Filipinach (Jaimme Q. Dilidili, 2011). Wymiary i szczegóły stalowe każdej części konstrukcji są pokazane na rysunkach architektonicznych załączonych w załączniku C, od rysunku C-17 do C-23.

5.4.3 Codzienne wytwarzanie biogazu i zdolność serwisowa biogazowni

Dzienny potencjał produkcji biogazu z 24 odchodów bydlęcych szacuje się za pomocą pierwszej metody i parametrów bydła omówionych odpowiednio w sekcjach 2.4.2 i 4.3.2. Z szacunków wynika, że dzienna produkcja biogazu z obornika 24 sztuk bydła wynosi 9 ^{m3}.

W celu określenia przydatności użytkowej codziennie wytwarzanego biogazu, wymagane są technologie biogazowe oraz szybkość jego spalania. W tym przypadku koncentrują się piece kuchenne i lampy do gotowania na biogazie. Piec dwupalnikowy na biogaz zużywa 0,44 $^{m3\ biogazu\ na}$ godzinę, a lampa na biogaz zużywa 0,14 ^{m3} biogazu na godzinę (Jaimme Q. Dilidili, 2011). W Afganistanie średnia wielkość rodziny wynosi 7,4 osoby (NRVA, 2011-12). W tym przypadku dla rodziny składającej się z 8 członków przyjęto jeden dwupalnikowy piec na biogaz na 5 godzin dziennie i 4 lampy na biogaz na 4 godziny w nocy. Na podstawie powyższych parametrów rodzina potrzebuje 2,24 $^{m3\ biogazu}$ do codziennego gotowania i 2,2 ^{m3} biogazu do oświetlenia, a jej całkowite dzienne zapotrzebowanie na biogaz wynosi 4,44 ^{m3}. Ponieważ dzienny potencjał wytwarzania biogazu wynosi 9 ^{m3}, może on zaspokoić potrzeby kulinarne i oświetleniowe dwóch rodzin liczących 8 członków lub jednej rodziny liczącej 16 członków w Kandaharze.

5.4.4 Koszt biogazowni

Koszt biogazowni DSAC-Model, który został zidentyfikowany, zwymiarowany i zaprojektowany dla tego przypadku, odnosi się do kosztów materiałów i aktywatorów niezbędnych do budowy i eksploatacji biogazowni. Materiały niezbędne do budowy zakładu to cement, piasek, zderzak, pręty stalowe, szalunki i cegły. Do prac wykopaliskowych i budowlanych potrzebna jest praca wykwalifikowana i niewykwalifikowana. Do dostarczenia wytworzonego biogazu z magazynu do punktu poboru, a następnie wykorzystania go, potrzebne są rury, armatura, sterowniki gazowe, piece i lampy. Ilości materiałów budowlanych zostały oszacowane na podstawie rysunków architektonicznych instalacji, załączonych w załączniku C, a ilości pozostałych urządzeń zostały oszacowane w oparciu o wytworzony biogaz użyteczność. Jednostkowy koszt materiałów, aktywatorów i sprzętu został zebrany z lokalnego rynku Kandaharu w dniach 27 stycznia-2015 roku. W oparciu o wymagane ilości materiałów, działań i sprzętu, szacunkowy koszt zakładu wynosi 144 000 Afg (2 500 USD), co przedstawia tabela 5.5.

Tabela 5.5: 24m3 Rachunek ilościowy i kosztowy instalacji biogazowej

Pozycja	Ilość	Jednostka	Koszt jednostkowy *		Koszt	
			(Afg)	(USD)	(Afg)	(USD)
Wykopaliska	72.3	m3	200	3.48	14,460	251.60
Beton (M-200)	10.35	m3				
Cement	57	Torba	270	4.69	15,390	267.33
George Sand	2.82	m3	700	12.17	1,974	34.32
Crash	5.65	m3	1,000	17.38	5,650	98.20
Zaprawa murarska do murów ceglanych (1:4)	1.1	m3				
Cement	7	Torba	270	4.69	1,890	32.83
George Sand	0.88	m3	700	12.17	616	10.71
Zaprawa murarska do tynku (2cm) (1:3)	102	m2				
Cement	15	Torba	270	4.69	4,050	70.35
George Sand	1.53	m3	700	12.17	1,071	18.62
Stal-10mm	488	kg	52	0.9	25,376	439.20
Stal-6mm	25	kg	58	1.01	1,450	25.25
Stal-1mm	3	kg	63	1.095	189	3.29
Cegła	2,184	szt.	3.5	0.06	7,644	131.04
Woda	3,065	Lit	0.12	0.00208	368	6.38
Sklejka do szalunków	70.4	m2	300	5.22	21,120	367.49
Rura betonowa, (średnica 20 cm)	3.43	m	500	8.69	1,715	29.81
Rura GI 2"	0.32	m	200	3.47	64	1.11
Rura GI 1"	68	m	120	2.1	8,160	142.80
T-sekcja 1"	9	szt.	62	1.1	558	9.90
Łokieć 1"	11	szt.	50	0.87	550	9.57
Zawór 1"	11	szt.	150	2.6	1,650	28.60
Regulator gazu	2	szt.	144	2.5	288	5.00
Piec gazowy	2	szt.	1,150	20	2,300	40.00
Lampa gazowa	8	szt.	500	8.69	4,000	69.52
Wykwalifikowana siła robocza	6	MD	800	13.9	4,800	83.40
Praca	24	MD	300	5.21	7,200	125.04

niewykwalifikowana						
Koszty różne					11,520	200
Koszt całkowity (Afg/USD)					144,000	2,500

(1 USD = 57,6 Afg)

(*Źródło: Zebrane z lokalnego rynku Kandaharu w ramach tego badania, 2015 r.)

5.4.5 Roczna korzyść dla biogazowni

W celu określenia rocznych korzyści z biogazowni konieczne jest ustalenie kosztu jednostkowego biogazu wytworzonego w biogazowni. Koszt jednostkowy biogazu można oszacować na podstawie jego odpowiednika, jakim jest drewno opałowe lub LPG. 1m3 biogazu to 3,47 kg drewna opałowego lub 0,45 kg LPG (Jaimme Q. Dilidili, 2011). Ponieważ potencjał biogazowni wynosi 9 ^{m3} dziennie i 3 285 ^{m3} rocznie, co odpowiada 11 398,95 kg drewna opałowego lub 1 478,25 kg LPG rocznie. W Kandaharze koszt drewna opałowego wynosił 8,63 Afg na kg (0,15 USD na kg), a koszt LPG w styczniu 2015 roku wynosił 65 Afg na kg (1,13 USD na kg). W oparciu o koszt drewna opałowego, szacunkowy koszt biogazu wynosi 98 372,94 Afg rocznie (1 710,24 USD rocznie), a w oparciu o koszt LPG szacunkowy koszt biogazu wynosi 96 086,25 Afg rocznie (1 670,48 USD rocznie). Średni roczny koszt biogazu wynosi 97.229,6 Afg rocznie (1.690,4 USD rocznie), co stanowi roczną korzyść dla właściciela biogazowni. Na podstawie typu i konstrukcji zakładu zakłada się, że okres eksploatacji zakładu wynosi 20 lat. Po pierwszym roku 4,83 procent głównej stopy inflacji jest stosowane do rocznego kosztu biogazu (Trading Economics, 2015).

5.4.6 Analiza finansowa biogazowni

Analiza finansowa biogazowni opiera się na inwestycji w biogazownię, okresie użytkowania, rocznych korzyściach, stopie inflacji, podatkach od przedsiębiorstw i stopie procentowej w Kandaharze w Afganistanie.

Łączna inwestycja dla biogazowni DSAC-Model o pojemności 24 $^{m3\ wynosi}$ 144.000 Afg (2.500 USD), a roczny zysk z biogazu to 97.232 Afg (1.690 USD), który jest zainteresowany średnim wskaźnikiem inflacji w Afganistanie wynoszącym 4,83% każdego następnego roku. Stawka podatku od osób prawnych wynosi 20 procent (ARD, 2011), a stopa procentowa w Afganistanie 15 procent (Trading Economics, 2015). W oparciu o te parametry szacuje się wartość bieżącą netto (NPV), stosunek korzyści do kosztów (B/C), wewnętrzną stopę zwrotu (IRR) oraz zdyskontowany okres zwrotu (PP) dla biogazowni. Do analizy tych parametrów wykorzystywana jest metoda szacunkowa, opisana w punkcie 2.8.

i. Wartość bieżąca netto (NPV)

Wartość bieżącą netto biogazowni ustala się na podstawie przepływów pieniężnych netto (tabela 5.6) przy pomocy równania 2.33 z wyłączeniem. Równanie 2.32 może być również użyte do ręcznych obliczeń. Wynik bieżący netto dla biogazowni wynosi 5.836 USD. Ponieważ NPV jest większa od zera, więc inwestycja w ten projekt jest atrakcyjna i możliwa do przyjęcia.

ii. Stosunek korzyści do kosztów (B/C)

Korzyści i koszty netto biogazowni zostały obliczone z tabeli 5.6 za pomocą odpowiednio równania 2.34 i 2.35. Korzyść netto z instalacji wynosi 9 319 USD, a całkowity koszt instalacji wynosi 4 865 USD w całym okresie eksploatacji instalacji, co daje wskaźnik korzyści do kosztów (B/C) w wysokości 1,92, który jest wyższy niż 1, a więc inwestycja jest korzystna dla biogazowni.

iii. Wewnętrzna stopa zwrotu (IRR)

Wewnętrzna stopa zwrotu projektu została obliczona na podstawie przepływów pieniężnych netto (tabela 5.6) za pomocą równania 2.36 z pomocą programu Excel. IRR zakładu wynosi 50%, podczas gdy MARR w Afganistanie 15%. Ponieważ IRR jest wyższy niż MARR, wskazuje to na atrakcyjność inwestycji w biogazownię.

Tabela 5.6: Analiza kosztów i korzyści instalacji biogazowej

Lata	0	1	2	3	4	5	6	7	8	9	10	11	12	13	14	15	16	17	18	19	20
Rachunek zysków i strat																					
Dochody		1,690	1,772	1,858	1,947	2,041	2,140	2,243	2,352	2,465	2,584	2,709	2,840	2,977	3,121	3,272	3,430	3,596	3,769	3,951	4,142
Wydatki																					
Koszt wody		278	291	306	320	336	352	369	387	405	425	446	467	490	513	538	564	591	920	650	681
Konserwacja		0	0	0	0	0	0	0	0	0	145	0	0	0	0	0	0	0	0	0	0
Dochód podlegający opodatkowaniu		1,412	1,481	1,552	1,627	1,706	1,788	1,874	1,965	2,060	2,014	2,264	2,373	2,488	2,608	2,734	2,866	3,004	2,849	3,301	3,461
Podatki dochodowe (20%)		282	296	310	325	341	358	375	393	412	403	453	475	498	522	547	573	601	570	660	692
Dochód netto		1,130	1,185	1,242	1,302	1,365	1,430	1,500	1,572	1,648	1,612	1,811	1,898	1,990	2,086	2,187	2,293	2,403	2,279	2,641	2,769
Rachunek przepływów pieniężnych																					
Dochód netto		1,130	1,185	1,242	1,302	1,365	1,430	1,500	1,572	1,648	1,612	1,811	1,898	1,990	2,086	2,187	2,293	2,403	2,279	2,641	2,769
Inwestycja	-2500																				
Wartość odzyskania																					0
Przepływy pieniężne netto	-2500	1,130	1,185	1,242	1,302	1,365	1,430	1,500	1,572	1,648	1,612	1,811	1,898	1,990	2,086	2,187	2,293	2,403	2,279	2,641	2,769

Tabela 5.6 opisuje analizę finansową biogazowni. Rachunek zysków i strat składa się z rocznych przychodów, kosztów, dochodu podlegającego opodatkowaniu, podatku dochodowego i dochodu netto z projektu zakładu. Rachunek przepływów pieniężnych składa się z dochodów netto, inwestycji, wartości odtworzeniowej i przepływów pieniężnych netto z projektu biogazowni. Ponieważ zakład jest strukturą RCC, dlatego przyjmuje się, że wartość odzysku wynosi zero. Koszt obornika nie jest uwzględniany, ponieważ jego wartość nawozowa nie jest poświęcana w procesie fermentacji.

iv. Okres spłaty (PP)

Okres zwrotu z inwestycji w biogazownię określono w tabeli 5.7. Można go również określić za pomocą równania 2,37, ale w tym przypadku roczny dochód nie jest jednolity, a zainwestowane pieniądze są również oprocentowane w wysokości 15 %, dopóki nie zostaną całkowicie spłacone z dochodów zakładu. Okres spłaty dla zakładu wynosi 2,7 roku, co pokazuje tabela 5.7. Ten rodzaj okresu spłaty jest nazywany zdyskontowanym okresem spłaty. Ponieważ okres eksploatacji biogazowni wynosi 20 lat, więc zdyskontowany okres zwrotu z inwestycji jest odpowiedni i projekt jest korzystny.

W tabeli 5.7 przedstawiono obliczenia zdyskontowanego okresu zwrotu z inwestycji w biogazownię na podstawie przepływów pieniężnych netto i skumulowanych przepływów pieniężnych zakładu.

Tabela 5.7: Przepływy pieniężne netto i skumulowane przepływy pieniężne z instalacji biogazowej

Lata	Przepływy pieniężne netto	Koszt inwestycji (15%)	Skumulowane przepływy pieniężne
0	-2,500	0	-2,500
1	1,130	-375	-1,745
2	1,185	-262	-823
3	1,242	-72	347
4	1,302	0	1,649
5	1,365	0	3,013
6	1,430	0	4,444
7	1,500	0	5,943
8	1,572	0	7,515
9	1,648	0	9,163
10	1,612	0	10,775
11	1,811	0	12,586
12	1,898	0	14,484
13	1,990	0	16,474
14	2,086	0	18,561
15	2,187	0	20,748

16	2,293	0	23,040
17	2,403	0	25,444
18	2,279	0	27,723
19	2,641	0	30,364
20	2,769	0	33,133

Tabela 5.8 przedstawia podsumowanie analizy finansowej biogazowni mleczarskiej.

MARR wynosi 15% w Afganistanie.

Tabela 5.8: Parametry finansowe instalacji biogazowej

Parametry finansowe	Wartości	Standard akceptacji
NPV	5.836 USD	NPV> 0
B/C	1.92	B/C > 1
IRR	50%	IRR > MARR
PP	2,7 roku	PP < Czas życia gospodarczego

5.5 Bariery dla wdrażania biogazu w Afganistanie

Afganistan został pozostawiony na wojnie od czterech dekad. Ta tragedia sprawiła, że zostawiłam to za sobą. Ze względu na brak odpowiednich instytucji i strategii dla każdej rozwijającej się działalności, biogaz również nie jest jeszcze rozpoznawalny wśród ludzi. Ponieważ program wdrażania biogazu wymaga umiejętności, funduszy, odpowiednich planów i bezpieczeństwa, których nie ma; dlatego też ta technologia nie została jeszcze określona.

Bariery można podsumować jako mieszek:

1. Brak właściwej strategii wdrażania biogazu
2. Brak umiejętności i świadomości w zakresie technologii biogazu
3. Wysoki początkowy koszt inwestycji w biogazownię
4. Brak zaufania społecznego do użyteczności publicznej w zakresie biogazu
5. Bez gospodarstw mlecznych nie można utrzymać ekonomii skali.

6. Niestabilność rządu nie pozwala zagranicznym organizacjom na wdrażanie technologii biogazowych, tam gdzie to stosowne
7. Nie ma silnego systemu bankowego, który wspierałby ten program.

5.6 Działania, które należy podjąć w celu wdrożenia Biogazu w Afganistanie

W celu wdrożenia technologii produkcji biogazu w Afganistanie rząd powinien stworzyć specjalny instytut, który sporządzi odpowiednie plany, wybierze odpowiednie obszary do wdrożenia oraz wyszuka sposoby jego finansowania.

Niektóre z ważnych działań, które należy wykonać, to..:
1. W Ministerstwie Energii i Wody powinien zostać utworzony departament ds. energii odnawialnej w celu opracowania polityki dotyczącej wszystkich rodzajów energii odnawialnej, w szczególności w zakresie wdrażania biogazu.
2. W program powinni być zaangażowani specjaliści ds. energii z uniwersytetów.
3. Dział energii odnawialnej powinien koordynować swoją politykę z organizacjami finansującymi.
4. Świadomość i szkolenie powinny być zapewnione społeczeństwu
5. Masonowie powinni być szkoleni w zakresie budowy biogazu
6. Dotacje i małe pożyczki powinny być udzielane

5.7 Wynik i dyskusja

Ogólnie rzecz biorąc, piece kuchenne są jedynymi technologiami wykorzystującymi energię z biomasy, stosowanymi w prowincji Kandahar. Kuchenki te mają sześć różnych typów, z których cztery typy (piec skrzynkowy, okrągły, dwa garnki, okrągły i kubełkowy) są wykorzystywane zimą do ogrzewania pomieszczeń i gotowania posiłków. Ponieważ ich głównym zadaniem jest ogrzewanie pomieszczeń, są one wykonywane lokalnie z 0,5 mm blachy, która ma lepszą przewodność elektryczną. Pozostałe dwa rodzaje kuchenek (trzy kamienne i dwie podpory) są używane tylko do gotowania przez cały rok. Efektywność gotowania na tych dwóch piecach wynosi odpowiednio 12,6% i 13%. Kuchenka dwupłytowa typu "cook" otrzymuje płomień z kominka do pieczenia naan i nie jest

bezpośrednio odpalana. Wśród nich efektywność gotowania w kotłach skrzyniowych i okrągłych wynosi odpowiednio 18,7% i 21,5%; są one dość zadowalające, ale czas ich użytkowania jest ograniczony do trzech miesięcy zimy i nie mogą być wykorzystywane przez cały rok. Aby poprawić wydajność lub zidentyfikować inne rodzaje ulepszonych pieców kuchennych, ważne są najczęściej używane piecyki, trzy kamienne i dwa rodzaje wsporników.
W celu identyfikacji odpowiedniego ulepszonego pieca kuchennego, rozważono dwa rodzaje ulepszonych pieców (Anagi II i ulepszony chulha). Porównując Anagi II i ulepszone chulha, zrozumiano, że ulepszone Chulha jest odpowiednim ulepszonym piecem kucharskim, który zastąpi trzy kamienne kuchenki w prowincji Kandahar w Afganistanie. Anagi II i Chulha mogą zaoszczędzić odpowiednio 40% i 43% drewna opałowego.

W celu oceny potencjału biogazu w prowincji uwzględniono jedynie obornik bydlęcy. Całkowite pogłowie bydła w prowincji Kandahar wynosiło 101 747 sztuk w latach 2013-14. Z 15 dystryktów prowincji, Zhari, Arghandab, Maywand, Panjwayi, Maruf, Khakrez i Sha Wali Kot są najbardziej zaludnionymi dystryktami, w których występuje najwięcej bydła.

Na podstawie pogłowia bydła i parametrów obornika, szacowany potencjał biogazu w latach 2013-2014 wyniósł 13 913 608 ^{m3}.

Wśród różnych typów biogazowni, za odpowiednią dla sytuacji w Kandaharze uznano biogazownię DSAC-Model. Ze względu na jego solidność finansową, w studium przypadku przeprowadzono analizę techno-finansową. Na potrzeby analiz rozważono gospodarstwo mleczarskie, w którym trzyma się razem 24 sztuki bydła. Wynik analizy techno-finansowej był zadowalający, wyniósł NPV 5,836 USD, B/C 1,92, IRR 50% i 2,7 roku okresu zwrotu. Ponieważ wszystkie te wskaźniki finansowe mieszczą się w dopuszczalnym zakresie, produkcja biogazu przy użyciu tego rodzaju instalacji jest atrakcyjna w prowincji Kandahar.

ROZDZIAŁ 6
WNIOSKI I ZALECENIA

W niniejszym rozdziale krótko przedstawiono podsumowanie ważnych wyników tego badania i przedstawiono zalecenia dotyczące dalszych działań w tej dziedzinie.

6.1 Wniosek ogólny

Badanie to zostało zakończone osiągnięciem dwóch głównych celów. Pierwszym celem była ocena potencjału energetycznego leśnego drewna opałowego i węgla drzewnego, resztek pożniwnych i obornika bydlęcego, wraz z ich obecnym wykorzystaniem i charakterystyką resztek pożniwnych.

Fuelwood jest podstawowym paliwem w kraju. W niniejszym opracowaniu omówiono jedynie leśne drewno opałowe i węgiel drzewny. Produkcja leśnego drewna opałowego wyniosła 1 693 939 m3 w latach 2012-13 i 1 725 812 m3 w latach 2013-14. To drewno opałowe jest wykorzystywane do bezpośredniego spalania i produkcji węgla drzewnego w kraju. Około 58 procent energii zużywane jest bezpośrednio, a około 42 procent przekształcane jest w węgiel drzewny. Całkowity szacowany potencjał energetyczny drewna opałowego (wykorzystywanego bezpośrednio do produkcji energii) i węgla drzewnego (przekształcanego z leśnego drewna opałowego) wyniósł odpowiednio 15 680 TJ i 16 008 TJ w latach 2012-13 i 2013-14. W potencjale energetycznym leśnego drewna opałowego (bezpośrednio wykorzystywanego do celów energetycznych) udział drzew iglastych i liściastych wynosił odpowiednio 22,6 procent i 77,4 procent. W całkowitym potencjale energetycznym leśnego drewna opałowego (bezpośrednio wykorzystywanego do celów energetycznych) i węgla drzewnego (przekształcanego z leśnego drewna opałowego), około 21,4% udziału przypada na węgiel drzewny (3 331 TJ w latach 2012-13 i 3 427 TJ w latach 2013-14).

Produkcja roślin wyniosła 6 364 000 ton i 6 507 329 ton odpowiednio w latach 2012-13 i 2013-14. Oznacza to wzrost o 2,3 procent. W ogólnej produkcji zbóż, produkcja pszenicy wynosiła około 79,4 procent, ryżu 7,9 procent, jęczmienia 7,87 procent, a kukurydzy 4,8 procent.

Produkcja ta wytworzyła około 11 308 200 ton i 11 560 983 ton pozostałości odpowiednio w latach 2012-13 i 2013-14, co oznacza wzrost o 2,2 procent. Przy wytwarzaniu tych resztek pożniwnych udział słomy pszennej wynosił 80,5 procent, słomy ryżowej 6,6 procent, łuski ryżowej 0,9 procent, słomy jęczmiennej 5,8 procent, łodyg kukurydzy 5,4 procent a kolb kukurydzy 0,8 procent.

Próbki resztek pożniwnych, zebrane z pola, zostały przebadane w celu określenia ich wartości opałowej. Te niższe wartości opałowe (rysunek 4.19) zostały wykorzystane do oszacowania potencjału energetycznego pozostałości upraw w Afganistanie.

Dzięki zaangażowaniu LHV, całkowity szacowany potencjał energetyczny pozostałości upraw wyniósł około 67,287 TJ i 68,686 TJ odpowiednio w latach 2012-13 i 2013-14, co oznacza wzrost o 2,1%. W tym potencjale energetycznym udział słomy pszennej, słomy ryżowej, łuski ryżu, słomy jęczmiennej, łodyg kukurydzy i kolb kukurydzy wynosi 57,8 procent, 13,8 procent, 2,4 procent, odpowiednio 12,4 %, 11,5 % i 2,1 %.

W latach 2012-13 i 2013-14 pogłowie bydła wynosiło odpowiednio 5 244 000 sztuk i 5 235 000 sztuk. Na podstawie parametrów gnojowicy ustalonych na podstawie badań terenowych i doświadczeń, potencjał biogazu z odchodów bydlęcych wyniósł odpowiednio 717 101 813 m^3 i 715 871 089 m^3. Ta ilość biogazu mogłaby wytworzyć odpowiednio 14 342 TJ i 14 317 TJ energii.

Podsumowując całkowity szacowany potencjał energetyczny leśnego drewna opałowego, węgla drzewnego, resztek pożniwnych i biogazu (wytwarzanego z odchodów bydła), całkowity potencjał energetyczny biomasy w Afganistanie wyniósł 97 310 TJ i 99 012 TJ odpowiednio w latach 2012-13 i 2013-14; wskazuje to na wzrost potencjału energetycznego biomasy o 1,7% w latach 2012-13 do 2013-14. Udział potencjału energetycznego resztek pożniwnych był wysoki (69,4%) w porównaniu do potencjału energetycznego drewna opałowego i węgla drzewnego (16,2%) oraz potencjału energetycznego obornika bydlęcego (14,5%) w latach 2013-14.

Szacowany potencjał energetyczny wybranej biomasy mógłby stanowić 69% całkowitego zużycia energii pierwotnej w Afganistanie w latach 2012-13.

Przybliżone i ostateczne wyniki analizy dla próbek pozostałości upraw przedstawiono odpowiednio na rysunkach 4.17 i 4.18.

Drugim celem badania było zbadanie obecnie stosowanych technologii energetycznych z wykorzystaniem biomasy, określenie odpowiednich ulepszonych technologii oraz przeprowadzenie analizy technologiczno-finansowej zidentyfikowanych technologii. Obecnie stosowane technologie energetyczne wykorzystujące biomasę to piece kuchenne w prowincji Kandahar. Posiadają one sześć różnych typów, z których cztery typy (piec skrzynkowy, okrągły, dwa garnki, okrągły i kubełkowy) są specjalnie wykorzystywane do ogrzewania pomieszczeń w okresie zimowym. Piece te wykonane są lokalnie z blachy o grubości 0,5 mm. Do gotowania stosuje się trzy rodzaje kamienia i dwa rodzaje wsporników przez cały rok. Efektywność gotowania oraz niektóre inne parametry pieców kuchennych zostały przedstawione w tabeli 5.1. Aby zastąpić te piece ulepszonymi piecami, rozważono trzy kamienne piece, które mają niższą wydajność i pełny czas użytkowania. Określono dwa rodzaje ulepszonych pieców kuchennych (Anagi II i ulepszony chulha). Porównując je, okazało się, że ulepszona chulha jest odpowiednim ulepszonym piecem kuchennym, który może być używany zamiast trzech kamiennych pieców kuchennych w prowincji Kandahar w Afganistanie. Potencjał oszczędności drewna opałowego Anagi II i ulepszonego chulha wynosi odpowiednio 40% i 43% w porównaniu z trzema kamiennymi piecami kuchennymi.

Biogazownie nie są obecnie używane w prowincji Kandahar. Dla jego zastosowania określono potencjał wytwarzania biogazu z odchodów bydła. Kandahar miał 101 747 sztuk bydła w latach 2013-14. Zhari, Arghandab, Maywand, Panjwayi, Maruf, Khakrez i Sha Wali Kot są najbardziej zaludnionymi dzielnicami prowincji. Na podstawie pogłowia bydła i parametrów obornika, szacowany potencjał biogazu w latach 2013-2014 wyniósł 13 913 608 ^{m3}. Dla sytuacji w Kandaharze omówiono różne typy biogazowni, wśród których za odpowiednią uznano biogazownię DSAC-Model i przeprowadzono jej analizę techno-finansową w studium przypadku mleczarni. Chodziło o gospodarstwo mleczarskie liczące 24 sztuki bydła, które zostało odwiedzone podczas zbierania danych. Wynik analizy techno-finansowej był dość atrakcyjny, w tym przypadku NPV wynosiła 5,836 USD, B/C 1,92, IRR 50%, a zdyskontowany okres zwrotu (PP) 2,7 roku. Ponieważ wszystkie te wskaźniki finansowe znajdują się w akceptowalnym zakresie, dlatego też wytwarzanie biogazu przy użyciu modelu DSAC-Model of plant jest korzystne i atrakcyjne w prowincji Kandahar w Afganistanie.

6.2 Zalecenia

W oparciu o te badania i doświadczenia w terenie, poniższe zalecenia są pomocne w dalszych badaniach w tej dziedzinie.

- Obecnie rodzaje drewna opałowego, ich gęstość i charakterystyka nie są znane, do badań energetycznych wymagane są te parametry

- Potencjał energetyczny sadów opałowych i węglowych nie jest określony, jest on bardzo ważną częścią zasobów biomasy i powinien być określony.

- Stosunek pozostałości do produktu (RPR) upraw nie jest określany w Afganistanie, Musi być znany w celu oszacowania ilości wytwarzanych pozostałości upraw.

- Współczynnik wykorzystania energii (EUF) i współczynniki dostępności nadwyżek (SAF) biomasy nie są jasno określone, co jest najważniejsze dla oceny energetycznej.

- Potencjał biogazu innych zwierząt, z wyjątkiem bydła, nie jest określony, Ważne jest, aby znać całkowity potencjał biogazu w Afganistanie

REFERENCJE

ADB, (2006). Asian Development Bank, Country Synthesis Report on Urban Air Quality Management: Afganistan, http://cleanairinitiative.org/portal/sites/default/files/documents/afghanistan_0.pdf

AEIC, (2011). Afghan Energy Information Center, Energy Prodection, Raporty roczne, dostępne na stronie internetowej: http://www.afghaneic.org/production.php, dostęp: 20/7/2014.

Ahmad, I., Arbab, N., & Zafrran, M. (nd), potencjał energetyczny odchodów zwierzęcych z wykorzystaniem trawienia beztlenowego, http://www.superior.edu.pk/presentation/user/CEET/pdf/research/3.pdf

Amber, I., Kulla, D., & Gukop, N. (2012). Wytwarzanie, charakterystyka i potencjał energetyczny stałych odpadów komunalnych w Nigerii. Jurnal of energy southern Asia, 23(3), 47-51. doi: http://www.erc.uct.ac.za/jesa/volume23/23-3jesa-amber-etal.pdf

Anelia Milbrandt, R. O. (2011). Ocena zasobów biomasy w Afganistanie. 1617Cole Boulevard Golden, Colorado 80401: National Renewable Energy Labratory.

ARD, (2011). Afghanistan Revenue Deportment, Tax Overview for Businesses, Investors & Individuals, http://ard.gov.af/download.php?var=aW1hZ2VzL2Rvd25sb2Fkcy9HdWlkZSAwNC5wZGY=.

Ashmore, J. (2002). Analysis of heating and Cooking Fuels and Cooking Fuels and Piece in Refugee, IDP and local Settlements, Kabul, Herat, Afghanistan march 2002, http://www.shelterproject.org/downloads/peer1rep/stoves_06_02.pdf.

Balakarzai, (2010). Ocena zużycia wody w gospodarstwach domowych na podstawie danych społeczno-gospodarczych
Perspektywy w Kandaharze, Afganistan, Azjatycki Instytut Technologii, WEM

Bhattacharya, S. C., Abdul Salam, P., Runqing, H., Somashekar, H. I., Racelis, D. A., Rathnasiri, P. G., & Yingyuad, R. (2005). Ocena potencjału zasobów biomasy nieplantacyjnej w wybranych krajach azjatyckich za rok 2010. Biomasa i Bioenergia, 29(3), 153-166. doi: http://dx.doi.org/10.1016/j.biombioe.2005.03.004

CSO, (2013). Central Statistices Organization, Afghanistan statistical year book 2012-13, http://cso.gov.af/Content/files/08%20Agriculture%20Development.pdf.

CSO, (2014). Central Statistices Organization, Afghanistan statistical year book 2013-14, http://cso.gov.af/Content/files/Agriculture%20Development(1).pdf

Duan, F., Chyang, C., Chin, Y., & Tso, J. (2013). Charakterystyka emisji zanieczyszczeń przy spalaniu łusek ryżu w spalarni fluidalnej z wirującym złożem fluidalnym. Journal of Environmental Sciences, 25(2), 335-339. doi: http://dx.doi.org/10.1016/S1001-0742(12)60054-0

EIA, (2013). Energy Information Administration, Overview data for Afghanistan, Dostępne na stronie internetowej: http://www.eia.gov/countries/country-data.cfm?fips=AF#tpe. Dostępny na stronie: 22/7/2014.

EIA, (2015). Energy Information Administration, Total Primary Energy Consumption of Afghanistan, Dostępne na stronie internetowej: http://www.eia.gov/cfapps/ipdbproject/iedindex3.cfm?tid=44id=44id=2id=AF,yid=2008yid=2012nit=QBTU, Dostępny w dniu 10.3.2015 r.

Energypedia, (2014). Biogazownie kopułowe stacjonarne, Avelable online: https://energypedia.info/wiki/Fixed-dome_Biogas_Plants Wejście na stronę: 7/9/ 2014

FAO, (1993). Organizacja Narodów Zjednoczonych ds. Wyżywienia i Rolnictwa, indyjskie ulepszone piece kuchenne: A Compendium, http://www.fao.org/docrep/006/AD585E/ad585e00.pdf

FAO, (2008). Organizacja Narodów Zjednoczonych ds. Wyżywienia i Rolnictwa, Afganistan Narodowy Spis Powszechny Zwierząt Gospodarskich 2002-2003, ftp://ftp.fao.org/docrep/fao/010/i0034e/i0034e00.pdf.

FAOSTAT, (2015). Food and Agriculture Organization of the United Nations Statistics Division (Organizacja Narodów Zjednoczonych ds. Wyżywienia i Rolnictwa), dostępne na stronie internetowej: http://faostat3.fao.org/download/G1/GB/E, dostępne w dniu 10.3.2015 r.

Ioannidou, O., Zabaniotou, A., Antonakou, E. V., Papazisi, K. M., Lappas, A. A., & Athanassiou, C. (2009). Badanie możliwości produkcji energii, paliwa, materiałów i chemikaliów z pozostałości kukurydzy (kolby i łodygi) poprzez niekatalityczną i katalityczną pirolizę w dwóch konfiguracjach reaktorów. Renewable and Sustainable Energy Reviews, 13(4), 750-762. doi: http://dx.doi.org/10.1016/j.rser.2008.01.004

Jaimme Q. Dilidili, C. A. P., Rosalie Ararao-pelle, Reperto S. Sangalang. (2011). Technologia biogazowa na Filipinach. Powiązane centrum energii odnawialnej: Ernesto Valto.

Janet, L., (2010). Renewables 2010 Global Status Report, http://www.martinot.info/REN21_GSR_2010_full.pdf.

Malik, N., (2010). Zasoby energetyczne w Afganistanie i środki mające na celu poprawę w zakresie
zrównoważony rozwój, http://www.energy-cie.ro/archives/2011/2.25-afghanistan-energy-by-nadeem-malik.pdf

MAIL, (2012). Ministry of Agriculture, Irrigation and Livestok, Agriculture Prospects Report, http://mail.gov.af/Content/Media/Documents/MAIL_Agriculture_Prospects_Report_2012Jul8th138201211537380553325325.pdf.

Mohammad, A., (2012). A Study on Energy Consumption in Kandahar City, Afghanistan, Asian Institute of Technology Thesis, Energy

Mohammad, A., Shrestha, P., & Kumar, S. (2013). Miejskie wykorzystanie energii mieszkalnej w Kandaharze w Afganistanie. Cities, 32(0), 135-142. doi: http://dx.doi.org/10.1016/j.cities.2013.04.002

MRRD, (2013). Ministerstwo Rehabilitacji i Rozwoju Wsi, Profil Prowincji Kandahar, http://www.mrrd-nabdp.org/attachments/article/239/Kandahar%20Provincial%20Profile.pdf

Nelsonelson.com, (2011). Anaerobic Digesters, Avelable online: http://nelsonelson.com/wiki/index.php?title=Anaerobic_Digesters Dostępny na stronie: 7/9/2014

NEPA, (2012). Krajowa Agencja Ochrony Środowiska, Afganistan Wstępna Komisja Krajowa do Ramowej Konwencji Narodów Zjednoczonych w sprawie Zmian Klimatu, http://unfccc.int/resource/docs/natc/afgnc1.pdf.

Nienhuys, S. (2012). Ulepszone piece kuchenne, http://www.nienhuys.info/mediapool/49/493498/data/HA_TechWorkPaper-10_ICS_April_2012_.pdf

NOAA, (2014). National Oceanic and Atomospheric Administration, Climate of Afghanistan, Dostępne na stronie internetowej: http://www.ncdc.noaa.gov/oa/climate/afghan/afghan-narrative.html, Dostępne na stronie: 2/8//2014.

NRVA, (2007-8). National Risk and Vulnerablity Assessment, A profile of Afghanistan, http://documents.wfp.org/stellent/groups/public/documents/ena/wfp213398.pdf

NRVA, (2011-12). Krajowa ocena ryzyka i podatności, Afghanistan Living Conditions Survey, http://www.af.undp.org/content/dam/afghanistan/docs/MDGs/NRVA%20REPORT-rev-5%202013.pdf.

Park, C. S. (2002). współczesna ekonomia inżynierska (III edycja). United States of America prentice Hall.

Perera, K. K. C. K., Rathnasiri, P. G., Senarath, S. A. S., Sugathapala, A. G. T., Bhattacharya, S. C., & Abdul Salam, P. (2005). Assessment of sustainable energy potential of non-plantation biomass resources in Sri Lanka. Biomasa i Bioenergia, 29(3), 199-213. doi: http://dx.doi.org/10.1016/j.biombioe.2005.03.008

Działanie praktyczne, (1988). Jak przyrządzić na SriLance kuchenkę Anagi II, https://www.engineeringforchange.org/static/content/Energy/S00030/how_to_make_sri_lankas_anagi_stove.pdf

Rahman, M. M., & Paatero, J. V. (2012). Podejście metodologiczne do oceny potencjału trwałych pozostałości rolnych do produkcji energii elektrycznej: Perspektywa południowoazjatycka. Biomasa i Bioenergia, 47(0), 153-163. doi: http://dx.doi.org/10.1016/j.biombioe.2012.09.046

Ravindranath, N. H., Somashekar, H. I., Nagaraja, M. S., Sudha, P., Sangeetha, G., Bhattacharya, S. C., & Abdul Salam, P. (2005). Ocena potencjału energetycznego Indii w zakresie zrównoważonych, nieroślinnych zasobów biomasy. Biomasa i Bioenergia, 29(3), 178-190. doi: http://dx.doi.org/10.1016/j.biombioe.2005.03.005

Saidur, R., Abdelaziz, E.A., Demirbas, A., Hossain, M.S., & Mekhilef, S. (2011). Przegląd dotyczący biomasy jako paliwa do kotłów.

Renewable and Sustainable Energy Reviews, 15(5), 2262-2289. doi: http://dx.doi.org/10.1016/j.rser.2011.02.015

Sajjakulnukit, B., Yingyuad, R., Maneekhao, V., Pongnarintasut, V., Bhattacharya, S. C., & Abdul Salam, P. (2005). Ocena zrównoważonego potencjału energetycznego nieroślinnych zasobów biomasy w Tajlandii. Biomasa i Bioenergia, 29(3), 214-224. doi: http://dx.doi.org/10.1016/j.biombioe.2005.03.009

Sanchez, T. (2008). Lekcje z realizacji projektów dotyczących pieców kuchennych i elektryfikacji obszarów wiejskich, Doświadczenie w praktyce, http://www.score.uk.com/research/Shared%20Documents/Score_Papers/Score%20Lessonsfromfield%20-%20Practical%20Action.pdf.

SIGAR, (2010). Specjalny Inspektor Generalny ds. Odbudowy Afganistanu, podaż energii w Afganistanie wzrosła, ale zaktualizowany plan generalny jest potrzebny, a opóźnienia i obawy dotyczące zrównoważonego rozwoju pozostają. http://www.sigar.mil/pdf/audits/2010-01-15audit-10-04.pdf,

Singh, J., & Gu, S. (2010). Konwersja biomasy na energię w Indiach - krytyka. Renewable and Sustainable Energy Reviews, 14(5), 1367-1378. doi: http://dx.doi.org/10.1016/j.rser.2010.01.013

Singh, J., Panesar, B. S., & Sharma, S. K. (2008). Potencjał energetyczny dzięki wykorzystaniu biomasy rolnej przy użyciu systemu informacji geograficznej - studium przypadku Pendżabu. Biomasa i Bioenergia, 32(4), 301-307. doi: http://dx.doi.org/10.1016/j.biombioe.2007.10.003

Trading Economics, (2015). Afghanistan Economic Indicators, Avelable online: http://www.tradingeconomics.com/afghanistan/indicators Dostępny na stronie internetowej: 3 / 2 /2015

TWB, (2015). The World Bank, Population, Avelable online: http://data.worldbank.org/indicator/SP.POP.TOTL Dostępny na stronie: 3 / 1 /2015

UNEP, (2003). United Nation Environment Program, Afghanistan post-conflict environmental assessment, http://postconflict.unep.ch/publications/afghanistanpcajanuary2003.pdf.

UNEP, (2008). United Nation Environment Program, Biodiversity profile of Afghanistan, http://www.unep.org/dgef/Portals/43/publications/afg_biodiv_ncsa_document.pdf.

UNIDATA, (1990). Afganistan, Kandahar Prowansja, A Socio Economic Profile, http://www.nzdl.org/gsdl/collect/areu/Upload/8781/Afghanistan_Kandahar_province_UNIDATA_1991.pdf.

UNdata, (2015). Dane Organizacji Narodów Zjednoczonych, Afganistan Fuelwood Production, dostępne na stronie internetowej: http://data.un.org/Data.aspx?d=EDATA=cmID%3aFW, dostępne w dniu 10.3.2015 r.

ONZ, (1987). Energy Statistics, Definition, Units of Measure and Conversion Factors, Department of International Economic and Social Affairs. United Nation, New York: United Nation Publication.

VIJAYA SOLAR, (2008). Skech of biogas plant, Avelable online: http://vijayasolar.blogspot.com/2008/12/blog-post.html Dostępny na stronie: 7 /9 / 2014

Yamane, T. , (1967). Statystyka, wstępna analiza. 2nd ed. New York: Harper and Row,

DODATEK A

Tabela A-1: Powierzchnia upraw i produkcja w latach 2012-13

Zone / Province	Wheat		Rice		Barley		Maize	
	Area (ha)	Production (t)	Area (ha)	Production (t)	Area (ha)	Production (t)	Area (ha)	Production (t)
NORTH	831,000	1,434,000	12,000	29,269	82,572	148,629	17,788	39,134
Faryab	205,000	329,000	-	-	21,720	39,096	8,100	17,820
Juzjan	189,000	325,000	-	-	20,000	36,000	6,400	14,080
Sar-i-Pul	96,000	161,000	-	-	9,609	17,296	630	1,386
Balkh	205,000	421,000	10,500	25,610	24,100	43,380	2,600	5,720
Samangan	136,000	198,000	1,500	3,659	7,143	12,857	58	128
NORTH-EAST	624,000	1,212,000	118,425	288,838	49,080	88,344	11,042	24,292
Bughlan	110,000	244,000	46,005	112,206	9,960	17,928	4,112	9,046
Kunduz	121,000	361,000	43,100	105,121	8,200	14,760	1,400	3,080
Takhar	227,000	439,000	23,320	56,877	20,920	37,656	4,410	9,702
Badakhshan	166,000	168,000	6,000	14,634	10,000	18,000	1,120	2,464
WEST	348,000	515,000	15,000	36,585	22,888	41,199	4,140	9,108
Herat	224,000	306,000	13,100	31,951	1,077	1,939	1,040	2,288
Farah	26,000	65,000	1,100	2,683	12,530	22,554	2,400	5,280
Badghis	98,000	144,000	800	1,951	9,281	16,706	700	1,540
WEST-CENTRAL	89,000	131,000	900	2,195	13,199	23,758	1,410	3,102
Ghor	66,000	100,000	700	1,707	8,059	14,506	970	2,134
Bamyan	23,000	31,000	200	488	5,140	9,252	440	968
CENTRAL	153,000	454,000	8,495	20,719	20,115	36,207	17,002	37,404
Kabul	25,000	80,000	190	463	3,580	6,444	520	1,144
Parwan	34,000	92,000	4,305	10,500	3,310	5,958	2,810	6,182
Panjsher	9,000	23,000	-	-	2,305	4,149	1,502	3,304
Kapisa	15,000	46,000	1,000	2,439	3,320	5,976	8,200	18,040
Logar	32,000	102,000	1,000	2,439	3,800	6,840	2,920	6,424
Wardak	38,000	111,000	2,000	4,878	3,800	6,840	1,050	2,310
SOUTH	119,000	355,000	8,700	21,220	25,896	46,613	32,700	71,940
Paktya	21,000	71,000	1,000	2,439	4,100	7,380	8,100	17,820
Paktika	21,000	66,000	1,500	3,659	14,196	25,553	5,900	12,980
Khost	15,000	59,000	5,200	12,683	3,600	6,480	6,300	13,860
Ghazni	62,000	159,000	1,000	2,439	4,000	7,200	12,400	27,280
EAST	118,000	374,000	38,980	95,072	13,840	24,912	21,500	47,300
Nangarhar	77,000	270,000	13,410	32,707	3,400	6,120	9,400	20,680
Laghman	14,000	42,000	16,870	41,146	3,640	6,552	3,100	6,820
Kunarha	20,000	45,000	8,700	21,219	3,500	6,300	6,200	13,640
Nooristan	7,000	17,000	-	-	3,300	5,940	2,800	6,160
SOUTH-WEST	230,000	575,000	2,500	6,098	52,410	94,338	35,418	77,920
Kandahar	42,000	120,000	-	-	4,571	8,228	14,400	31,680
Helmand	98,000	274,000	-	-	15,588	28,058	5,298	11,656
Zabul	27,000	53,000	-	-	3,620	6,516	2,110	4,642
Nimroz	18,000	39,000	-	-	9,281	16,706	6,300	13,860
Uruzgan	28,000	63,000	2,500	6,098	14,210	25,578	2,910	6,402
Daikunde	17,000	26,000	-	-	5,140	9,252	4,400	9,680
Total	2,512,000	5,050,000	205,000	499,996	280,000	504,000	141,000	310,200

(Źródło: Centralna Organizacja Statystyczna, 2012-13)

Tabela A-2 Uprawy rolne i produkcja w latach 2013-2014

Zone / Province	Wheat		Rice		Barley		Maize	
	Area (ha)	Production (t)	Area (ha)	Production (t)	Area (ha)	Production (t)	Area (ha)	Production (t)
NORTH	840,400	1,217,618	2,160	4,320	82,572	152,667	17,788	24,819
Faryab	205,900	173,190	-	-	21,720	40,158	8,100	16,200
Juzjan	185,400	192,960	-	-	20,000	36,978	6,400	3,200
Sar-i-Pul	106,000	217,304	60	120	9,609	17,766	630	819
Balkh	205,500	457,386	2,100	4,200	24,100	44,558	2,600	3,900
Samangan	137,600	176,778	-	-	7,143	13,207	58	700
NORTH-EAST	632,500	1,424,466	170,070	432,757	49,080	90,744	11,042	21,524
Bughlan	111,800	281,408	45,431	109,034	9,960	18,415	4,112	8,224
Kunduz	122,700	362,644	86,011	223,628	8,200	15,161	1,400	2,800
Takhar	229,500	501,046	32,628	88,095	20,920	38,679	4,410	8,820
Badakhshan	168,500	279,368	6,000	12,000	10,000	18,489	1,120	1,680
WEST	344,000	637,138	9,157	19,865	22,888	42,318	4,140	8,592
Herat	217,800	425,812	7,757	17,065	1,077	1,991	1,040	2,392
Farah	26,800	72,360	-	-	12,530	23,167	2,400	4,800
Badghis	99,400	138,966	1,400	2,800	9,281	17,160	700	1,400
WEST-CENTRAL	97,200	66,860	800	1,600	13,199	24,405	1,410	3,216
Ghor	73,300	41,270	700	1,400	8,059	14,900	970	1,940
Bamyan	23,900	25,590	100	200	5,140	9,505	440	1,276
CENTRAL	156,259	436,274	300	600	18,115	33,493	17,802	45,703
Kabul	25,759	83,964	-	-	2,520	4,659	620	1,612
Parwan	36,100	90,204	-	-	3,310	6,120	3,300	8,250
Panjsher	9,200	25,257	-	-	2,305	4,262	1,502	4,055
Kapisa	15,400	48,411	-	-	2,380	4,400	8,200	20,500
Logar	32,500	70,072	100	200	3,800	7,026	3,130	8,451
Wardak	37,300	118,366	200	400	3,800	7,026	1,050	2,835
SOUTH	139,553	367,383	903	1,800	25,896	47,879	32,700	82,090
Paktya	21,805	44,736	-	-	4,100	7,580	8,100	21,060
Paktika	39,500	67,450	-	-	14,196	26,247	5,900	11,800
Khost	16,048	48,501	903	1,800	3,600	6,656	6,300	15,750
Ghazni	62,200	206,696	-	-	4,000	7,396	12,400	33,480
EAST	112,000	383,820	20,910	49,752	13,840	25,588	21,700	44,620
Nangarhar	68,400	253,080	8,410	18,502	3,400	6,286	9,400	18,800
Laghman	14,100	52,170	12,500	31,250	3,640	6,730	3,300	7,260
Kunarha	22,400	58,960	-	-	3,500	6,471	6,200	12,400
Nooristan	7,100	19,610	-	-	3,300	6,101	2,800	6,160
SOUTH-WEST	231,010	635,676	700	1,400	52,410	96,906	35,418	81,436
Kandahar	44,650	148,302	-	-	4,571	8,451	14,400	34,339
Helmand	98,000	308,700	-	-	15,588	28,826	5,298	12,715
Zabul	21,200	50,950	-	-	3,620	6,693	2,110	4,642
Nimroz	23,060	55,834	-	-	9,281	17,160	6,300	15,120
Uruzgan	26,800	51,000	700	1,400	14,210	26,273	2,910	5,820
Daikunde	17,300	20,890	-	-	5,140	9,503	4,400	8,800
Total	2,552,922	5,169,235	205,000	512,094	278,000	514,000	142,000	312,000

(Źródło: Centralna Organizacja Statystyczna, 2013-14)

Tabela A-3: Produkcja roślinna i wytwarzanie pozostałości w latach 2012-

Zone / Province	Wheat		Rice			Barley		Maize		
	Production (kt)	Straw (kt)	Production (kt)	Straw (kt)	Husk (kt)	Production (kt)	Straw (kt)	Production (kt)	Stalks (kt)	Cobs (kt)
NORTH	1,434	2,581	29	44	6	149	193	39	78	12
Faryab	329	592	-	-	-	39	51	18	36	5
Juzjan	325	585	-	-	-	36	47	14	28	4
Sar-i-Pul	161	290	-	-	-	17	22	1	3	0
Balkh	421	758	26	38	5	43	56	6	11	2
Samangan	198	356	4	5	1	13	17	0	0	0
NORTH-EAST	1,212	2,182	289	433	58	88	115	24	49	7
Bughlan	244	439	112	168	22	18	23	9	18	3
Kunduz	361	650	105	158	21	15	19	3	6	1
Takhar	439	790	57	85	11	38	49	10	19	3
Badakhshan	168	302	15	22	3	18	23	2	5	1
WEST	515	927	37	55	7	41	54	9	18	3
Herat	306	551	32	48	6	2	3	2	5	1
Farah	65	117	3	4	1	23	29	5	11	2
Badghis	144	259	2	3	0	17	22	2	3	0
WEST-CENTRAL	131	236	2	3	0	24	31	3	6	1
Ghor	100	180	2	3	0	15	19	2	4	1
Bamyan	31	56	0	1	0	9	12	1	2	0
CENTRAL	454	817	21	31	4	36	47	37	75	11
Kabul	80	144	0	1	0	6	8	1	2	0
Parwan	92	166	11	16	2	6	8	6	12	2
Panjsher	23	41	-	-	-	4	5	3	7	1
Kapisa	46	83	2	4	0	6	8	18	36	5
Logar	102	184	2	4	0	7	9	6	13	2
Wardak	111	200	5	7	1	7	9	2	5	1
SOUTH	355	639	21	32	4	47	61	72	144	22
Paktya	71	128	2	4	0	7	10	18	36	5
Paktika	66	119	4	5	1	26	33	13	26	4
Khost	59	106	13	19	3	6	8	14	28	4
Ghazni	159	286	2	4	0	7	9	27	55	8
EAST	374	673	95	143	19	25	32	47	95	14
Nangarhar	270	486	33	49	7	6	8	21	41	6
Laghman	42	76	41	62	8	7	9	7	14	2
Kunarha	45	81	21	32	4	6	8	14	27	4
Nooristan	17	31	-	-	-	6	8	6	12	2
SOUTH-WEST	575	1,035	6	9	1	94	123	78	156	23
Kandahar	120	216	-	-	-	8	11	32	63	10
Helmand	274	493	-	-	-	28	36	12	23	3
Zabul	53	95	-	-	-	7	8	5	9	1
Nimroz	39	70	-	-	-	17	22	14	28	4
Uruzgan	63	113	6	9	1	26	33	6	13	2
Daikunde	26	47	-	-	-	9	12	10	19	3
Total	5,050	9,090	500	750	100	504	655	310	620	93

2013

Tabela A-4: Produkcja roślinna i wytwarzanie pozostałości w latach 2013-

Zone	Wheat		Rice			Barley		Maize		
Province	Production (kt)	Straw (kt)	Production (kt)	Straw (kt)	Husk (kt)	Production (kt)	Straw (kt)	Production (kt)	Stalks (kt)	Cobs (kt)
NORTH	1,218	2,192	4	6	1	153	198	25	50	7
Faryab	173	312	-	-	-	40	52	16	32	5
Juzjan	193	347	-	-	-	37	48	3	6	1
Sar-i-Pul	217	391	0	0	0	18	23	1	2	0
Balkh	457	823	4	6	1	45	58	4	8	1
Samangan	177	318	-	-	-	13	17	1	1	0
NORTH-EAST	1,424	2,564	433	649	87	91	118	22	43	6
Bughlan	281	507	109	164	22	18	24	8	16	2
Kunduz	363	653	224	335	45	15	20	3	6	1
Takhar	501	902	88	132	18	39	50	9	18	3
Badakhshan	279	503	12	18	2	18	24	2	3	1
WEST	637	1,147	20	30	4	42	55	9	17	3
Herat	426	766	17	26	3	2	3	2	5	1
Farah	72	130	-	-	-	23	30	5	10	1
Badghis	139	250	3	4	1	17	22	1	3	0
WEST-CENTRAL	67	120	2	2	0	24	32	3	6	1
Ghor	41	74	1	2	0	15	19	2	4	1
Bamyan	26	46	0	0	0	10	12	1	3	0
CENTRAL	436	785	1	1	0	33	44	46	91	14
Kabul	84	151	-	-	-	5	6	2	3	0
Parwan	90	162	-	-	-	6	8	8	17	2
Panjsher	25	45	-	-	-	4	6	4	8	1
Kapisa	48	87	-	-	-	4	6	21	41	6
Logar	70	126	0	0	0	7	9	8	17	3
Wardak	118	213	0	1	0	7	9	3	6	1
SOUTH	367	661	2	3	0	48	62	82	164	25
Paktya	45	81	-	-	-	8	10	21	42	6
Paktika	67	121	-	-	-	26	34	12	24	4
Khost	49	87	2	3	0	7	9	16	32	5
Ghazni	207	372	-	-	-	7	10	33	67	10
EAST	384	691	50	75	10	26	33	45	89	13
Nangarhar	253	456	19	28	4	6	8	19	38	6
Laghman	52	94	31	47	6	7	9	7	15	2
Kunarha	59	106	-	-	-	6	8	12	25	4
Nooristan	20	35	-	-	-	6	8	6	12	2
SOUTH-WEST	636	1,144	1	2	0	97	126	81	163	24
Kandahar	148	267	-	-	-	8	11	34	69	10
Helmand	309	556	-	-	-	29	37	13	25	4
Zabul	51	92	-	-	-	7	9	5	9	1
Nimroz	56	101	-	-	-	17	22	15	30	5
Uruzgan	51	92	1	2	0	26	34	6	12	2
Daikunde	21	38	-	-	-	10	12	9	18	3
Total	5,169	9,305	512	768	102	514	668	312	624	94

2014

Tabela A-5: Produkcja resztek roślinnych i potencjał energetyczny w latach

Zone / Province	Wheat		Rice				Barley		Maize			
	Straw (kt)	Energy (TJ)	Straw (kt)	Energy (TJ)	Husk (kt)	Energy (TJ)	Straw (kt)	Energy (TJ)	Stalks (kt)	Energy (TJ)	Cobs (kt)	Energy (TJ)
NORTH	2,581	11,010	44	543	6	96	193	2,456	78	993	12	178
Faryab	592	2,526	-	-	-	-	51	646	36	452	5	81
Juzjan	585	2,495	-	-	-	-	47	595	28	357	4	64
Sar-i-Pul	290	1,236	-	-	-	-	22	286	3	35	0	6
Balkh	758	3,232	38	475	5	84	56	717	11	145	2	26
Samangan	356	1,520	5	68	1	12	17	212	0	3	0	1
NORTH-EAST	2,182	9,306	433	5,356	58	943	115	1,460	49	617	7	110
Bughlan	439	1,873	168	2,081	22	366	23	296	18	230	3	41
Kunduz	650	2,772	158	1,949	21	343	19	244	6	78	1	14
Takhar	790	3,371	85	1,055	11	186	49	622	19	246	3	44
Badakhshan	302	1,290	22	271	3	48	23	297	5	63	1	11
WEST	927	3,954	55	678	7	119	54	681	18	231	3	41
Herat	551	2,349	48	592	6	104	3	32	5	58	1	10
Farah	117	499	4	50	1	9	29	373	11	134	2	24
Badghis	259	1,106	3	36	0	6	22	276	3	39	0	7
WEST-CENTRAL	236	1,006	3	41	0	7	31	393	6	79	1	14
Ghor	180	768	3	32	0	6	19	240	4	54	1	10
Bamyan	56	238	1	9	0	2	12	153	2	25	0	4
CENTRAL	817	3,486	31	384	4	68	47	598	75	949	11	170
Kabul	144	614	1	9	0	2	8	106	2	29	0	5
Parwan	166	706	16	195	2	34	8	98	12	157	2	28
Panjsher	41	177	-	-	-	-	5	69	7	84	1	15
Kapisa	83	353	4	45	0	8	8	99	36	458	5	82
Logar	184	783	4	45	0	8	9	113	13	163	2	29
Wardak	200	852	7	90	1	16	9	113	5	59	1	10
SOUTH	639	2,726	32	393	4	69	61	770	144	1,826	22	327
Paktya	128	545	4	45	0	8	10	122	36	452	5	81
Paktika	119	507	5	68	1	12	33	422	26	329	4	59
Khost	106	453	19	235	3	41	8	107	28	352	4	63
Ghazni	286	1,221	4	45	0	8	9	119	55	692	8	124
EAST	673	2,872	143	1,763	19	311	32	412	95	1,201	14	215
Nangarhar	486	2,073	49	606	7	107	8	101	41	525	6	94
Laghman	76	322	62	763	8	134	9	108	14	173	2	31
Kunarha	81	346	32	393	4	69	8	104	27	346	4	62
Nooristan	31	131	-	-	-	-	8	98	12	156	2	28
SOUTH-WEST	1,035	4,415	9	113	1	20	123	1,559	156	1,978	23	354
Kandahar	216	921	-	-	-	-	11	136	63	804	10	144
Helmand	493	2,104	-	-	-	-	36	464	23	296	3	53
Zabul	95	407	-	-	-	-	8	108	9	118	1	21
Nimroz	70	299	-	-	-	-	22	276	28	352	4	63
Uruzgan	113	484	9	113	1	20	33	423	13	162	2	29
Daikunde	47	200	-	-	-	-	12	153	19	246	3	44
Total	9,090	38,774	750	9,271	100	1,633	655	8,329	620	7,874	93	1,410

2012-13

Tabela A-6: Produkcja resztek roślinnych i potencjał energetyczny w latach 2013-2014

Zone Province	Wheat		Rice				Barley		Maize			
	Straw (kt)	Energy (TJ)	Straw (kt)	Energy (TJ)	Husk (kt)	Energy (TJ)	Straw (kt)	Energy (TJ)	Stalks (kt)	Energy (TJ)	Cobs (kt)	Energy (TJ)
NORTH	2,192	9,349	6	80	1	14	198	2,523	50	630	7	113
Faryab	312	1,330	-	-	-	-	52	664	32	411	5	74
Juzjan	347	1,482	-	-	-	-	48	611	6	81	1	15
Sar-i-Pul	391	1,668	0	2	0	0	23	294	2	21	0	4
Balkh	823	3,512	6	78	1	14	58	736	8	99	1	18
Samangan	318	1,357	-	-	-	-	17	218	1	18	0	3
NORTH-EAST	2,564	10,937	649	8,024	87	1,413	118	1,500	43	546	6	98
Bughlan	507	2,161	164	2,022	22	356	24	304	16	209	2	37
Kunduz	653	2,784	335	4,147	45	730	20	251	6	71	1	13
Takhar	902	3,847	132	1,633	18	288	50	639	18	224	3	40
Badakhshan	503	2,145	18	223	2	39	24	306	3	43	1	8
WEST	1,147	4,892	30	368	4	65	55	699	17	218	3	39
Herat	766	3,269	26	316	3	56	3	33	5	61	1	11
Farah	130	556	-	-	-	-	30	383	10	122	1	22
Badghis	250	1,067	4	52	1	9	22	284	3	36	0	6
WEST-CENTRAL	120	513	2	30	0	5	32	403	6	82	1	15
Ghor	74	317	2	26	0	5	19	246	4	49	1	9
Bamyan	46	196	0	4	0	1	12	157	3	32	0	6
CENTRAL	785	3,350	1	11	0	2	44	554	91	1,160	14	208
Kabul	151	645	-	-	-	-	6	77	3	41	0	7
Parwan	162	693	-	-	-	-	8	101	17	209	2	37
Panjsher	45	194	-	-	-	-	6	70	8	103	1	18
Kapisa	87	372	-	-	-	-	6	73	41	520	6	93
Logar	126	538	0	4	0	1	9	116	17	215	3	38
Wardak	213	909	1	7	0	1	9	116	6	72	1	13
SOUTH	661	2,821	3	33	0	6	62	791	164	2,084	25	373
Paktya	81	343	-	-	-	-	10	125	42	535	6	96
Paktika	121	518	-	-	-	-	34	434	24	300	4	54
Khost	87	372	3	33	0	6	9	110	32	400	5	72
Ghazni	372	1,587	-	-	-	-	10	122	67	850	10	152
EAST	691	2,947	75	923	10	162	33	423	89	1,133	13	203
Nangarhar	456	1,943	28	343	4	60	8	104	38	477	6	85
Laghman	94	401	47	579	6	102	9	111	15	184	2	33
Kunarha	106	453	-	-	-	-	8	107	25	315	4	56
Nooristan	35	151	-	-	-	-	8	101	12	156	2	28
SOUTH-WEST	1,144	4,881	2	26	0	5	126	1,602	163	2,067	24	370
Kandahar	267	1,139	-	-	-	-	11	140	69	872	10	156
Helmand	556	2,370	-	-	-	-	37	476	25	323	4	58
Zabul	92	391	-	-	-	-	9	111	9	118	1	21
Nimroz	101	429	-	-	-	-	22	284	30	384	5	69
Uruzgan	92	392	2	26	0	5	34	434	12	148	2	26
Daikunde	38	160	-	-	-	-	12	157	18	223	3	40
Total	9,305	39,690	768	9,495	102	1,672	668	8,495	624	7,919	94	1,418

Zone Province	2012-13			2013.14		
	Population (Head)*	Biogas potential (m^3)	Energy ptential (TJ)	Population (Head)*	Biogas potential (m^3)	Energy ptential (TJ)
NORTH	417,618	57,108,009	1,142	416,901	57,009,998	1,140
Faryab	108,737	14,869,464	297	108,550	14,843,945	297
Juzjan	47,385	6,479,791	130	47,304	6,468,671	129
Sar-i-Pul	91,650	12,532,939	251	91,493	12,511,429	250
Balkh	108,750	14,871,249	297	108,563	14,845,727	297
Samangan	61,095	8,354,565	167	60,990	8,340,227	167
NORTH-EAST	1,275,498	174,420,618	3,488	1,273,309	174,121,269	3,482
Bughlan	243,925	33,355,981	667	243,506	33,298,733	666
Kunduz	229,011	31,316,579	626	228,618	31,262,832	625
Takhar	342,591	46,848,323	937	342,003	46,767,920	935
Badakhshan	459,971	62,899,736	1,258	459,182	62,791,784	1,256
WEST	442,661	60,532,665	1,211	441,902	60,428,776	1,209
Herat	269,475	36,849,859	737	269,012	36,786,616	736
Farah	113,902	15,575,777	312	113,707	15,549,045	311
Badghis	59,285	8,107,029	162	59,183	8,093,115	162
WEST-CENTRAL	171,513	23,453,913	469	171,219	23,413,661	468
Ghor	58,532	8,004,087	160	58,432	7,990,350	160
Bamyan	112,981	15,449,827	309	112,787	15,423,311	308
CENTRAL	653,502	89,364,554	1,787	652,381	89,211,182	1,784
Kabul	105,073	14,368,440	287	104,893	14,343,780	287
Parwan	175,788	24,038,442	481	175,486	23,997,186	480
Kapisa	205,583	28,112,881	562	205,230	28,064,633	561
Logar	85,212	11,652,478	233	85,066	11,632,479	233
Wardak	81,847	11,192,313	224	81,706	11,173,104	223
SOUTH	561,556	76,791,152	1,536	560,592	76,659,359	1,533
Paktya	124,261	16,992,370	340	124,048	16,963,207	339
Paktika	75,809	10,366,595	207	75,678	10,348,804	207
Khost	238,494	32,613,370	652	238,085	32,557,398	651
Ghazni	122,992	16,818,817	336	122,781	16,789,951	336
EAST	951,698	130,141,878	2,603	950,064	129,918,522	2,598
Nangarhar	297,189	40,639,672	813	296,678	40,569,924	811
Laghman	229,694	31,410,000	628	229,300	31,356,093	627
Kunarha	285,727	39,072,335	781	285,237	39,005,277	780
Nooristan	139,088	19,019,871	380	138,849	18,987,228	380
SOUTH-WEST	6,013,954	105,289,024	2,106	6,003,633	105,108,322	2,102
Kandahar	101,921	13,937,433	279	101,746	13,913,513	278
Helmand	268,142	36,667,579	733	267,681	36,604,648	732
Zabul	49,744	6,802,303	136	49,658	6,790,629	136
Nimroz	16,605	2,270,674	45	16,576	2,266,777	45
Uruzgan	333,543	45,611,036	912	332,971	45,532,756	911
Total	5,244,000	717,101,813	14,342	5,235,000	715,871,089	14,317

Tabela B-1: Populacja bydła z jego obornikiem Biogaz i potencjał energetyczny
(* Źródło: Centralna Organizacja Statystyczna, 2012-13 i 2013-14)

Tabela B-2: Biogaz i jego potencjał energetyczny w Afganistanie

Parametry	2012-13	2013-14
Liczba sztuk bydła *	5,244,000	5,235,000
Wytworzony obornik (kg główka-1 dzień-1)	19	
Frakcja odzyskiwalna	0.8	
Proporcja suchej masy (%)	23.7	
Odzyskiwalna masa sucha (tona roku 1)	6,895,210	6,883,376
Frakcja lotnej substancji stałej (kg VS kg-1 DM)	0.52	
Wydajność biogazu (^{m3} kg-1 VS) **	0.2	
Potencjał biogazu (^{m3} rok-1)	717,101,813	715,871,089
Wartość opałowa biogazu (TJ m-3)**	0.00002	
Roczny potencjał energetyczny (TJ rok-1)	14,342	14,317

{Y:i}Source: (CSO, 2012-13 i 2013-14); ** (Perera i in., 2005)}

Tabela B-3: Populacja bydła z ich obornikiem Biogaz i Energia Potencjał w Kandahar w 2013-14.

Miasto i dzielnice prowincji Kandahar	Populacja (głowa)*	Potencjał biogazu (^{m3})	Potencjał energetyczny (TJ)
Arghandab	12,219	1,670,913	33.4
Arghistan	6,393	874,224	17.5
Miasto	6,495	888,172	17.8
Daman	5,653	773,031	15.5
Ghorak	4,451	608,661	12.2
Khakrez	7,515	1,027,654	20.6
Maruf	8,107	1,108,609	22.2
Maywand	10,621	1,452,391	29.0
Meenasheen	3,542	484,358	9.7
Nesh	4,396	601,140	12.0
Panjwayi	9,541	1,304,704	26.1
Registan	576	78,766	1.6
Shah Wali Kot	6,500	888,856	17.8

Shorabak	463	63,314	1.3
Spin Boldak	2,908	397,661	8.0
Zhari	12,367	1,691,151	33.8
Razem	101,747	13,913,608	278

(* Źródło: Szacunki na podstawie krajowego spisu zwierząt gospodarskich w Afganistanie w latach 2002-3, CSO, rocznik statystyczny 2013-14 i FAO w Afganistanie, 2014).

Załącznik C

Niniejszy załącznik przedstawia zdjęcia (odnoszące się do pierwszego obiektywu), tabele, rysunki i rysunki (odnoszące się do drugiego obiektywu).

Rysunek C-1: Drewno opałowe używane do gotowania i ogrzewania

pomieszczeń.

Rysunek C-2: Młócenie pszenicy na polu.

Rysunek C-3: Zebrane próbki pozostałości roślin uprawnych do badań.

Rysunek C-4: Mleczarnia 24 sztuk bydła, wybrana na potrzeby studium przypadku w prowincji Kandahar.

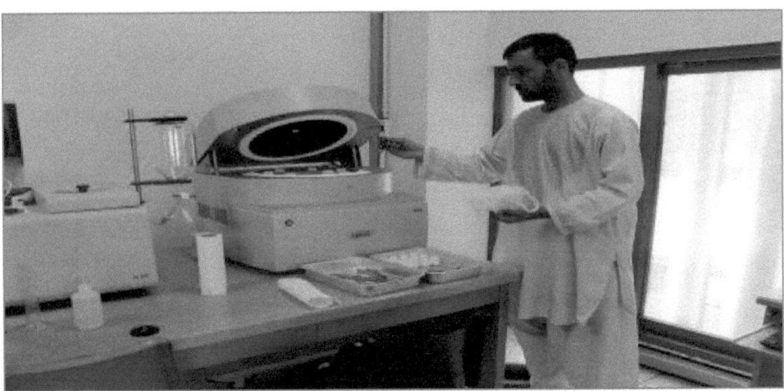

Rysunek C-5: Obciążenie próbek resztek pożniwnych do analizy

przybliżonej. Rysunek C-6: Proksymalna analiza pozostałości upraw.

Tabela C-1: Parametry i wyniki testu wrzenia wody (WBT)

Parametry		Jednostka	Typ pudełka	Kocioł okrągły	Dwa garnki okrągłe	Typ wiaderka	Typ trzech kamieni	Dwie podpory
			Wartość	Wartość	Wartość	Wartość	Wartość	Wartość
Początkowa masa wody w garnkach	$m_{w,i}$	kg	8.5	10	5	2.6	5	5
Ciepło właściwe wody	Cpw	kJ/kg C °	4.189	4.189	4.189	4.189	4.189	4.189
Temperatura wrzącej wody	Te	C °	100	100	100	100	100	100
Początkowa temperatura wody w garnkach	Ti	C °	21.2	22.9	21.8	21.7	21.1	21.8
Masa odparowanej wody z garnków	$m_{w,ewap}$	kg	2.855	3.27	1.83	0.85	1.34	1.07
Utajone ciepło parowania w temperaturze 100 °C i 1 bara	Hi	kJ/kg	2270	2270	2270	2270	2270	2270
Masa spalonego paliwa	mf	kg	4	4	5	2.5	3	2.5
Wartość opałowa spalanego paliwa dla kochanka	Hf	kJ/kg	12391.58	12392	12391.7	12392	12391.68	12391.68
Efektywność gotowania (%)			18.74	21.491	9.34821	8.9812	12.627721	13.12751459
Wskaźnik zużycia paliwa (kg/h)			3.43	4	4	3.75	6	4.3
Koszt (USD)			14	12	8	5	3	0

Tabela C-2: Zmiany temperatury w zależności od czasu podczas testu gotowania w wodzie pieców kuchennych

Typ pudełka			Kocioł okrągły		Dwa garnki okrągłe			Typ wiaderka			Typ trzech kamieni		Dwie podpory	
Czas	Temp (C°)		Czas	Temp (C°)	Czas	Temp (C°)		Czas	Temp (C°)		Czas	Temp (C°)	Czas	Temp (C°)
	garnek 1.	drugi garnek				1. pula	2. pula		1. pula	2. pula				
9:30	21.2	21.2	10:10	22.9	9:50	21.8	21.8	9:40	21.7	21.7	10:15	21.1	11:25	21.8
9:35	37.3	26.5	10:15	24	9:55	28.7	23.3	9:45	36.4	37.1	10:20	47	11:30	34.6
9:40	48.6	39.5	10:20	40.3	10:00	48.3	31.3	9:50	67.4	91.7	10:25	70.8	11:35	56.2
9:45	64	62.5	10:25	59.8	10:05	67.4	44.7	9:55	91.1	96.8	10:30	93.9	11:40	74.3
9:50	71.3	70.3	10:30	70.7	10:10	78.7	55.9	10:00	97.2	96.8	10:35	96.6	11:45	90
9:55	80.2	78.8	10:35	90.4	10:15	83.2	60.6	10:05	100	100	10:40	100	11:50	96.1
10:00	90.3	89.2	10:40	96.8	10:20	93.1	69.2	10:10	100	100	10:45	100	11:55	100
10:05	92.9	91.7	10:45	100	10:25	94.5	77.8	10:15	100	97.8	10:50	95.9	12:00	100
10:10	95.6	95.5	10:50	100	10:30	96.2	84.8	10:20	96.2	96	10:55	93.5	12:05	94.7
10:15	96.3	95.8	10:55	100	10:35	98	88.2	10:25	92.5	90.2	11:00	92.2	12:10	93.6
10:20	96.5	95.9	11:00	100	10:40	100	88.7							
10:25	100	100	11:05	98.7	10:45	100	88.8							
10:30	100	100	11:10	96	10:50	100	89.2							
10:35	100	98.4	11:15	95.4	10:55	100	90							
10:40	100	95.8	11:20	95.2	11:00	100	90.1							
10:45	97.4	89.6	11:25	95.1	11:05	96.7	88.7							

10:50	96.1	86.7	11:30	94.7	11:10	96.3	83.9							
10:55	96.3	79.8	11:35	92	11:15	96	80.1							
11:00	94.5	77	11:40	91	11:20	96	76.2							
11:05	94	75.5			11:25	94.2	71.5							
11:10	93.8	75			11:30	91.3	69.6							

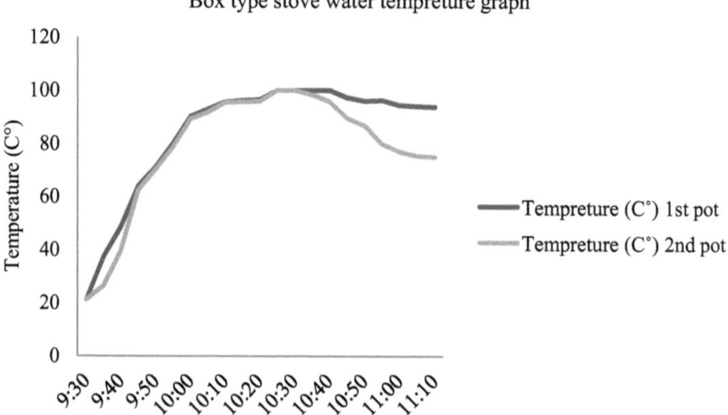

Rysunek C-9: Wykresy zmian temperatury podczas próby wrzenia wody.

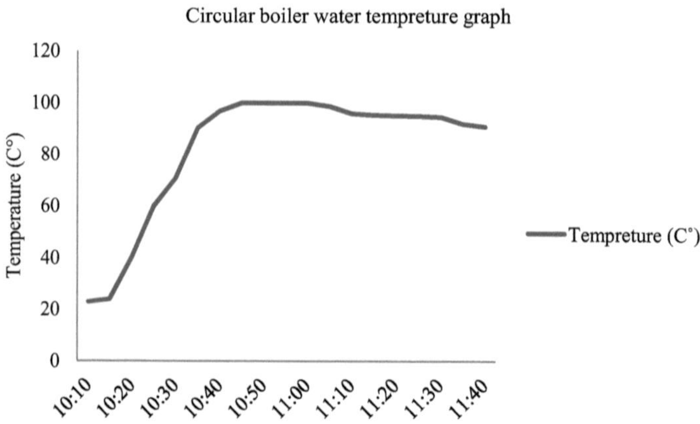

Rysunek C-10: Wykres zmian temperatury podczas próby wrzenia wody.

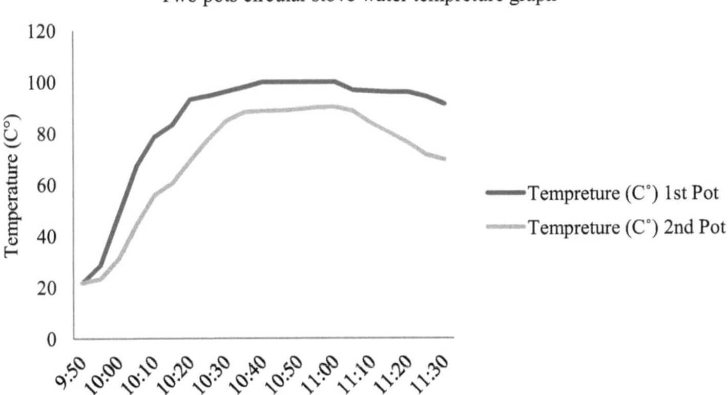

Rysunek C-11: Wykresy zmian temperatury podczas testu wrzenia wody.

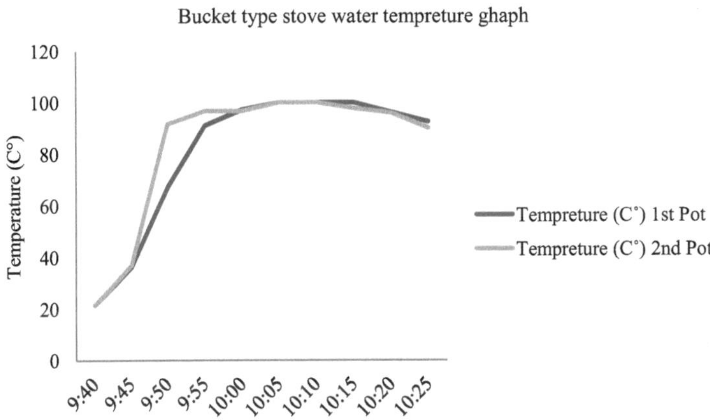

Rysunek C-12: Wykresy zmian temperatury podczas testu wrzenia wody.

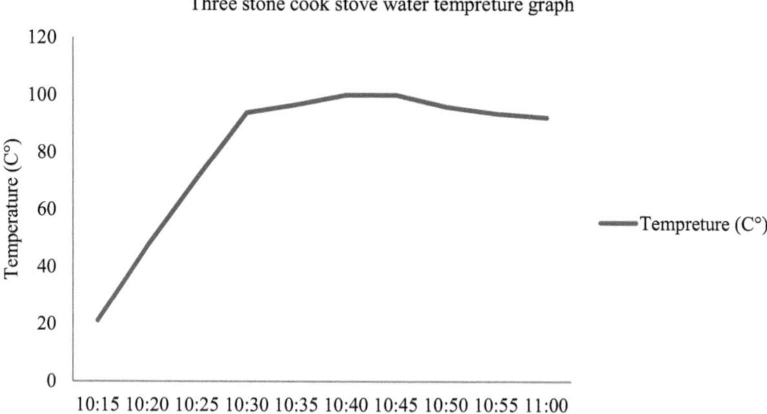

Rysunek C-13: Wykres zmian temperatury podczas próby wrzenia wody.

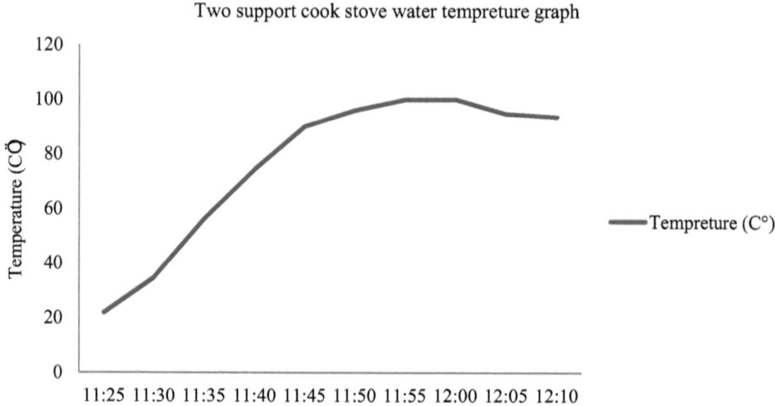

Rysunek C-14: Wykres zmian temperatury podczas próby wrzenia wody.

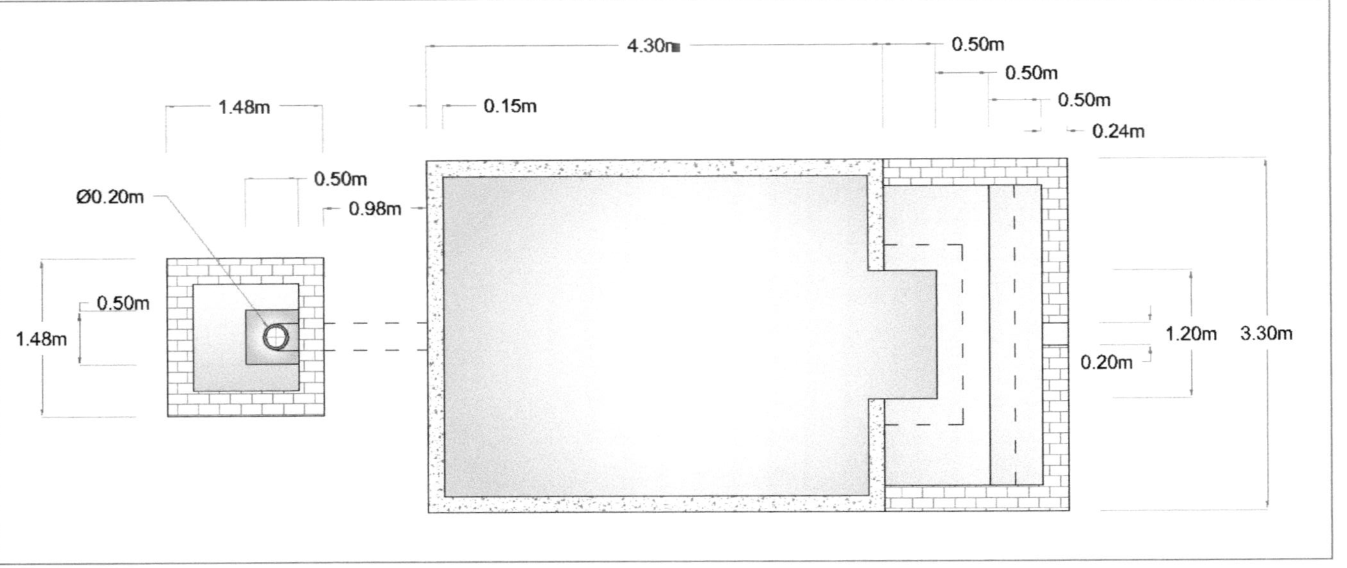

Rysunek C-15: Część pozioma zidentyfikowanej biogazowni DSAC-Model.

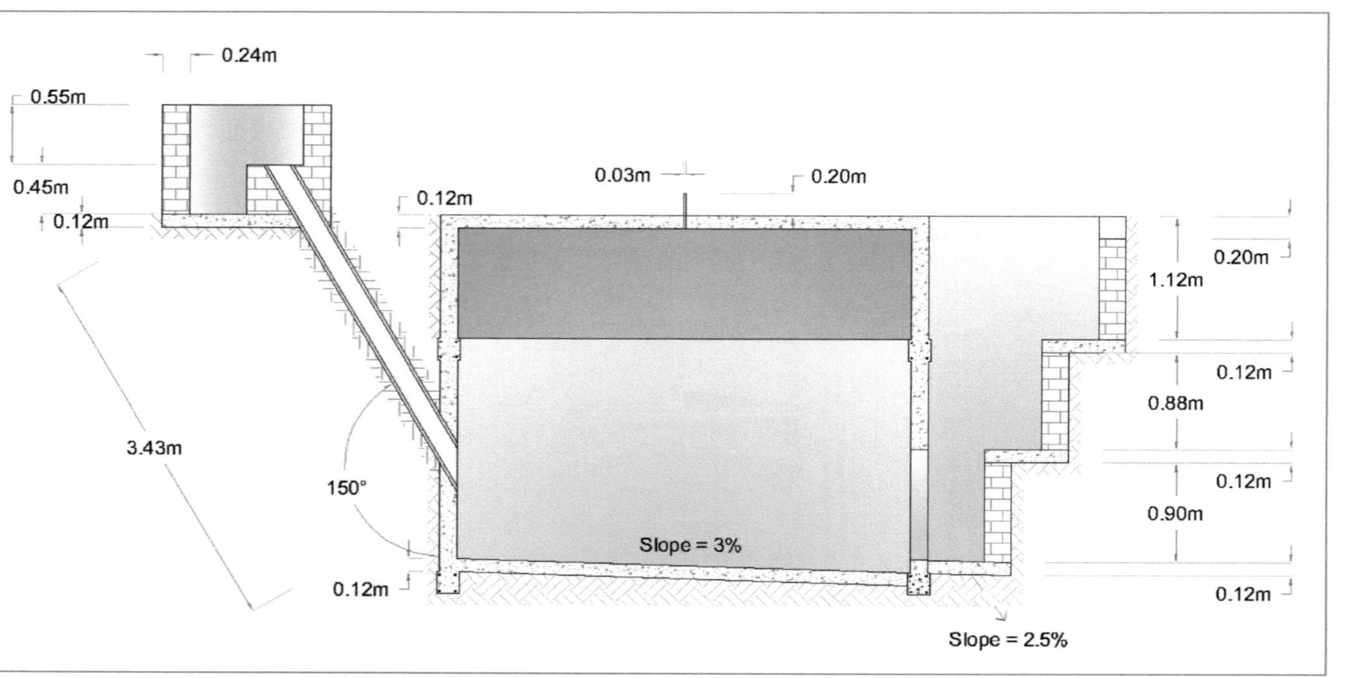

Rysunek C-16: Pionowa sekcja o dużej rozpiętości w zidentyfikowanej biogazowni DSAC-Model.

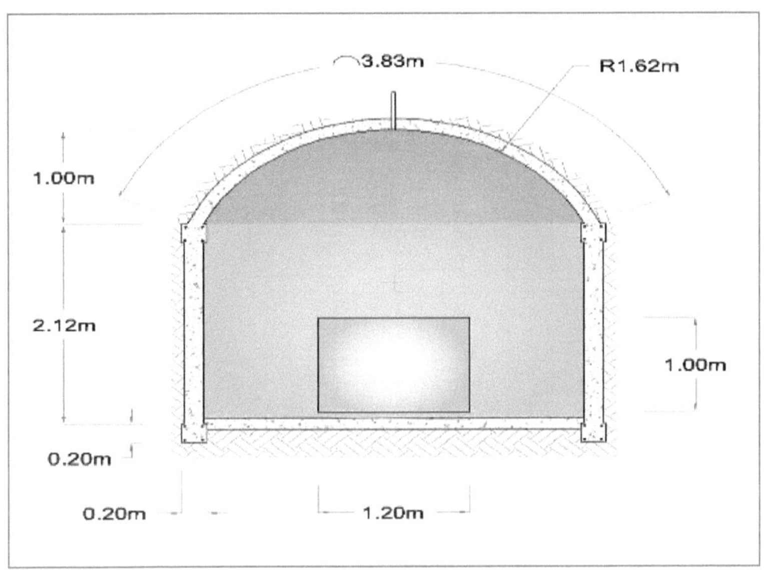

Rysunek C-17: Pionowy odcinek krótkiego zasięgu w zidentyfikowanej biogazowni DSAC-Model.

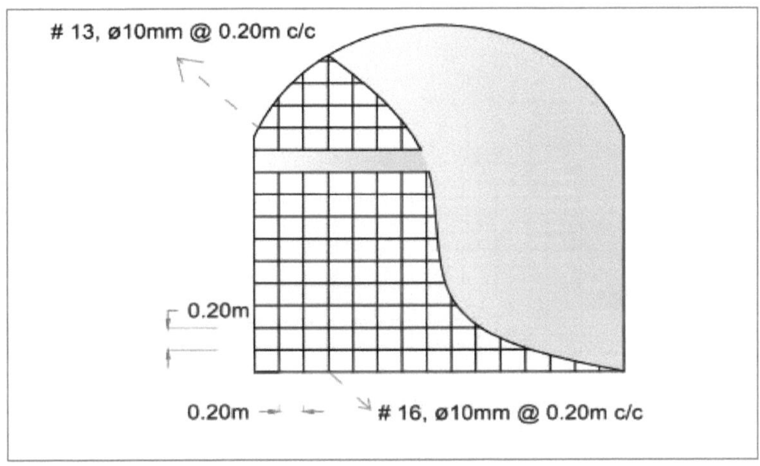

Rysunek C-18: Stalowe detale zidentyfikowanej biogazowni DSAC-Model o krótkiej rozpiętości ścianek.

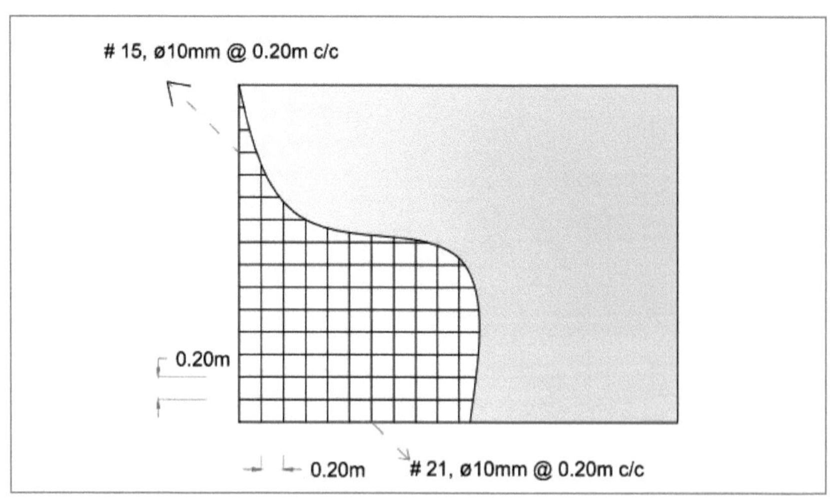

Rysunek C-19: Stalowe detale zidentyfikowanej biogazowni DSAC-Model o długiej ściance szczelinowej

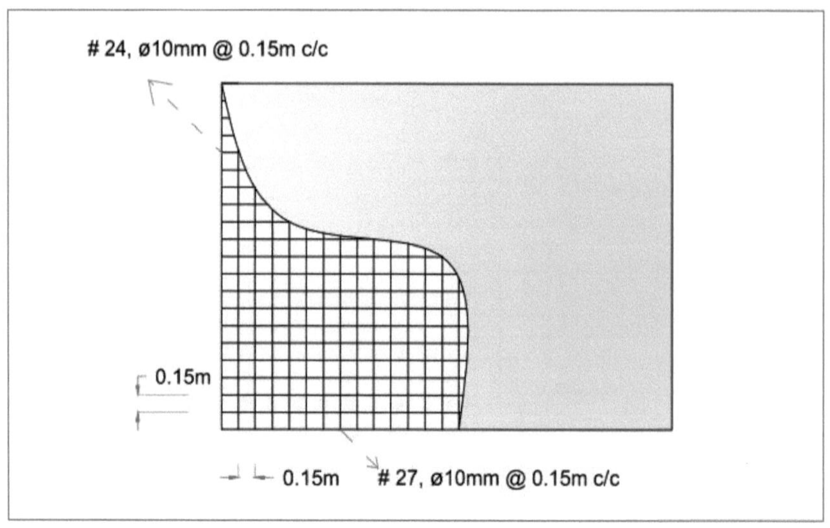

Rysunek C-20: Stalowe detale zidentyfikowanej kopuły wytwórni biogazu DSAC-Model.

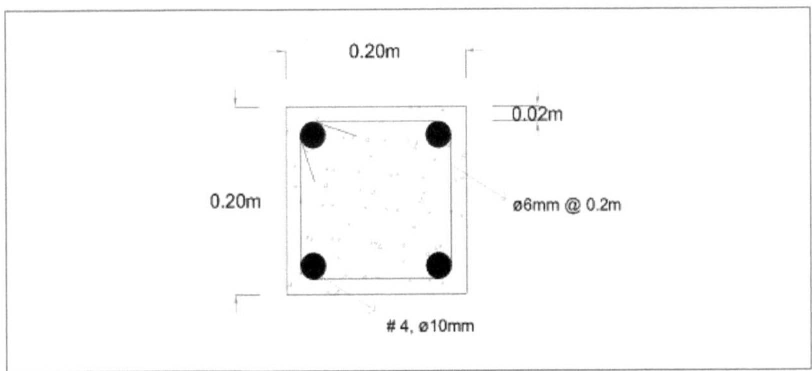

Rysunek C-21: Odcinek i szczegóły stalowe zidentyfikowanej belki wytwórni biogazu DSAC-Model.

Printed by Books on Demand GmbH, Norderstedt / Germany